高职高专系列

21世纪高校计算机应用技术系列规划教材

丛书主编 谭浩强

信息技术应用基础
实验指导与习题解答（第二版）

王兴玲 姜永玲 王秀红 陈凯泉 杨 慧 编著

U0143600

中国铁道出版社
CHINA RAILWAY PUBLISHING HOUSE

内 容 简 介

本书是与《信息技术应用基础（第二版）》一书配套的实验指导与习题解答用书。本书由实验指导与上机练习和习题解答两部分组成。主要内容包括 Windows XP 操作系统、字处理软件 Word、电子表格处理软件 Excel、幻灯片制作软件 PowerPoint、网络应用基础、Dreamweave 网页制作、动画制作 Flash 以及图像处理软件 Photoshop。在主教材的基础上，增加了网页制作和动画制作的内容。

在实验指导与上机练习部分，实验指导给出了典型实验的具体操作步骤，其后的上机练习为学生提供了大量的综合实例，以便学生进一步巩固所学知识。

本教材适合作为高职高专院校计算机基础课的教材或教学参考书，也可作为高等院校应用型本科教材，亦可供对计算机应用有兴趣的自学者参考。

图书在版编目（CIP）数据

信息技术应用基础实验指导与习题解答/王兴玲等编著. —2 版. —北京：中国铁道出版社，2008.4
（21 世纪高校计算机应用技术系列规划教材. 高职高专系列）
ISBN 978-7-113-07910-9

Ⅰ. 信…　Ⅱ. 王…　Ⅲ. 电子计算机－高等学校：技术学校—教学参考资料　Ⅳ.TP3

中国版本图书馆 CIP 数据核字（2008）第 061233 号

书　　名：	信息技术应用基础实验指导与习题解答（第二版）
作　　者：	王兴玲　姜永玲　王秀红　陈凯泉　杨　慧

策划编辑：	严晓舟　秦绪好		
责任编辑：	王占清	编辑部电话：	（010）63583215
编辑助理：	侯　颖　包　宁	封面设计：	付　巍
封面制作：	白　雪	责任印制：	李　佳

出版发行： 中国铁道出版社（北京市宣武区右安门西街 8 号　　邮政编码：100054）
印　　刷： 北京新魏印刷厂
版　　次： 2008 年 7 月第 2 版　　2008 年 7 月第 1 次印刷
开　　本： 787mm×1092mm　1/16　**印张：** 11　**字数：** 252 千
印　　数： 5 000 册
书　　号： ISBN 978-7-113-07910-9/TP·2333
定　　价： 19.00 元

序

21 世纪是信息技术高度发展且得到广泛应用的时代，信息技术从多方面改变着人类的生活、工作和思维方式。每一个人都应当学习信息技术、应用信息技术。人们平常所说的计算机教育其内涵实际上已经发展为信息技术教育，内容主要包括计算机和网络的基本知识及应用。

对多数人来说，学习计算机的目的是为了利用这个现代化工具工作或处理面临的各种问题，使自己能够跟上时代前进的步伐，同时在学习的过程中努力培养自己的信息素养，使自己具有信息时代所要求的科学素质，站在信息技术发展和应用的前列，推动我国信息技术的发展。

学习计算机课程有两种不同的方法：一是从理论入手；二是从实际应用入手。不同的人有不同的学习内容和学习方法。大学生中的多数人将来是各行各业中的计算机应用人才。对他们来说，不仅需要"知道什么"，更重要的是"会做什么"。因此，在学习过程中要以应用为目的，注重培养应用能力，大力加强实践环节，激励创新意识。

根据实际教学的需要，我们组织编写了这套"21 世纪高校计算机应用技术系列规划教材"。顾名思义，这套教材的特点是突出应用技术，面向实际应用。在选材上，根据实际应用的需要决定内容的取舍，坚决舍弃那些现在用不到、将来也用不到的内容。在叙述方法上，采取"提出问题—解决问题—归纳分析"的三部曲，这种从实际到理论、从具体到抽象、从个别到一般的方法，符合人们的认知规律，且在实践过程中已取得了很好的效果。

本套教材采取模块化的结构，根据需要确定一批书目，提供了一个课程菜单供各校选用，以后可根据信息技术的发展和教学的需要，不断地补充和调整。我们的指导思想是面向实际、面向应用、面向对象。只有这样，才能比较灵活地满足不同学校、不同专业的需要。在此，希望各校的老师把你们的要求反映给我们，我们将会尽最大努力满足大家的要求。

本套教材可以作为大学计算机应用技术课程的教材以及高职高专、成人高校和面向社会的培训班的教材，也可作为学习计算机的自学教材。

由于全国各地区、各高等院校的情况不同，因此需要有不同特点的教材以满足不同学校、不同专业教学的需要，尤其是高职高专教育发展迅速，不能照搬普通高校的教材和教学方法，必须针对它们的特点组织教材和教学。因此，我们在原有基础上，对这套教材作了进一步的规划。

本套教材包括以下五个系列：

- 基础教育系列

- 高职高专系列

- 实训教程系列

- 案例汇编系列

- 试题汇编系列

其中基础教育系列是面向应用型高校的教材，对象是普通高校的应用型专业的本科学生。高职高专系列是面向两年制或三年制的高职高专院校的学生的，突出实用技术和应用技能，不涉及过多的理论和概念，强调实践环节，学以致用。后面三个系列是辅助性的教材和参考书，可供应用型本科和高职学生选用。

本套教材自 2003 年出版以来，已出版了 70 多种，受到了许多高校师生的欢迎，其中有多种教材被国家教育部评为**普通高等教育"十一五"国家级规划教材**。《计算机应用基础》一书出版三年内发行了 50 万册。这表示了读者和社会对本系列教材的充分肯定，对我们是有力的鞭策。

本套教材由浩强创作室与中国铁道出版社共同策划，选择有丰富教学经验的普通高校老师和高职高专院校的老师编写。中国铁道出版社以很高的热情和效率组织了这套教材的出版工作。在组织编写及出版的过程中，得到全国高等院校计算机基础教育研究会和各高等院校老师的热情鼓励和支持，对此谨表衷心的感谢。

本套教材如有不足之处，请各位专家、老师和广大读者不吝指正。希望通过本套教材的不断完善和出版，为我国计算机教育事业的发展和人才培养做出更大贡献。

全国高等院校计算机基础教育研究会会长
"21 世纪高校计算机应用技术系列规划教材"丛书主编

谭浩强

第二版前言

　　本书是与《信息技术应用基础（第二版）》（中国铁道出版社出版）配套的实验教材。作者根据课程的基本内容精心设计了若干实验，读者可以按照本书的指导边操作边学习。学生通过这些实验，就可以学会怎样应用计算机进行工作。这样的学习形象直观，直接面对应用问题，印象深刻，易于理解。在每个实验的后面还列出了若干思考题，引导学生在实践中深入思考，实验—思考—再实验，逐步提高。

　　本教材是第二版。为了方便读者更好地学习和使用本书，对本书所用软件进行了升级，并考虑到图形处理的应用日渐广泛，新增了 Photoshop 一章。全书共分两部分：第一部分为实验指导与上机练习，第二部分为习题解答。实验指导与上机练习部分包括 Windows XP、Word 2003、Excel 2003、PowerPoint 2003、Dreamweaver 8、Flash 8 及 Photoshop CS2。Word、Excel、PowerPoint 由原版的 2002 升级为 2003，Dreamweaver 与 Flash 由原版的 7.0 升级为 8.0，Photoshop CS2 为新增内容。习题解答部分在第 1 章中增加了微机 DIY 习题，引导学生了解微机部件的最新动态；在第 2 章中增加了与安装操作系统有关的知识。新修订的内容按"微机组装→操作系统的安装→常用软件的使用→微机的日常维护"次序组织编写，更加注重实用性，将帮助学生解决使用计算机过程中的大量日常问题。

　　本书新增的第 8 章 Photoshop 由杨慧编写，其他各个章节仍然由原作者在前一版的基础上进行修改、编写：第 1、3、4 章由姜永岭编写，第 2、7 章由王兴岭编写，第 5 章由王秀红编写，第 6 章由陈凯泉编写。全书由王兴玲统稿。本书适合作为高职高专院校计算机基础课的教材或教学参考书，也可作为高等院校应用型本科教材，亦可供对计算机应用有兴趣的自学者参考。

　　由于编者水平有限，书中难免有疏漏和不足之处，敬请广大读者在使用过程中提出宝贵的意见和建议，以便我们在下一版中及时更正。

编　者
2008 年 5 月

第一版前言

FOREWORD

本教材是与"21 世纪高校计算机应用技术系列规划教材"之一《信息技术应用基础》相配套的实验教材。

《信息技术应用基础》是面向高校一年级学生开设的计算机基础课，该课程重在培养学生计算机基础知识和理论的同时，还要培养学生的实际操作能力，因此编写一本实验教材是非常必要的。

与同类实验教材相比较，本教材有以下三个主要特点：一是内容上有较大更新。本教材主要章节如下：中文操作系统 Windows XP、字处理软件 Word、电子表格处理软件 Excel、幻灯片制作软件 PowerPoint、网络应用基础、网页制作软件 Dreamweaver、动画制作 Flash。在介绍 Windows 基本操作和常用信息处理软件的基础上，重点增加了动画制作和网页制作。二是选材实用，针对性较强。本教材由两部分组成：实验指导与上机练习和习题解答。其中，实验指导精选了若干典型实验，上机练习给出了知识点较综合的上机作业，为老师布置作业和考查学生的实践能力提供了参考；习题解答给出了课后题的参考答案。三是实验设计新颖。在实验指导中，每个实验首先给出了要实现的效果，然后再给出准确的操作步骤，引导学生一步步去尝试，以激发学生的学习兴趣。

本教材可作为大学一年级学生计算机基础课的实验指导，也适合于对计算机操作有一定的基础，并希望进一步学习网页和动画制作的自学者。

本教材由王兴玲组织编写，第 1 章、第 3 章、第 4 章由姜永玲编写，第 2 章、第 7 章由王兴玲编写，第 5 章由王秀红编写，第 6 章由陈凯泉编写。

由于作者水平有限，编写过程中难免出现不足之处，希望各位读者批评指正！

编　者

2006 年 7 月

目录

第一部分 实验指导与上机练习

第二部分 习题解答

第一部分 实验指导与上机练习

第 1 章 中文操作系统 Windows XP

实 验 指 导

实验一 计算机基本操作与键盘指法练习

一、实验目的

1. 熟悉计算机的启动与关闭流程。
2. 熟练使用鼠标。
3. 熟悉键盘布局，练习快速输入。

二、实验内容

1. 鼠标的使用（见图 1-1）

单击：快速点击鼠标左键一下　双击：快速点击鼠标左键两下　右击：快速点击鼠标右键一下

图 1-1　鼠标操作

- 单击：按下鼠标左键后立即释放，主要用来选择屏幕上的对象。
- 双击：快速连续按动两下鼠标左键，主要用来执行某个任务、打开窗口等，如启动一个应用程序。

- 右击：按下鼠标右键后立即释放，通常会弹出快捷菜单，快捷菜单中列出与鼠标右击对象相关的命令选项，是执行命令最方便的方式。

2．键盘的使用

了解 PC 标准键盘的布局和键盘上各区的位置（见图 1-2），使用键盘时应注意正确的按键方法。手指微微弯曲，双手的食指分别放在导键【F】和【J】键上，右手拇指稍靠近空格键。在按键时手抬起，伸出要按键的手指，在键上快速敲击并迅速释放，不要用力太猛，更不要按住一个键长时间不放。

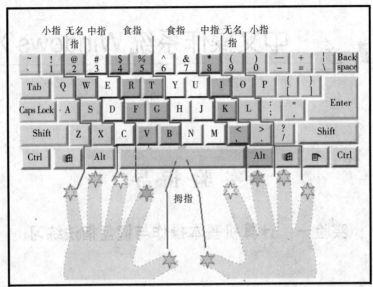

图 1-2　键盘和键位

进行指法练习时，要熟记各键的键位，明确手指分工，坚持正确的姿势与指法，坚持不看键盘（盲打）。

3．熟悉计算机的启动与关闭流程

- 冷启动：先开显示器电源开关，再按主机 Power 键。
- 热启动：选择"开始"｜"关闭计算机"命令，弹出"关闭计算机"对话框，单击"重新启动"按钮，在弹出的对话框中单击"是"按钮。
- 关机：首先关闭所有应用程序窗口，选择"开始"｜"关闭计算机"命令，弹出"关闭计算机"对话框，单击"关闭"按钮，在弹出的对话框中，单击"是"按钮，然后关闭主机电源，最后关闭显示器电源。

4．认识桌面

Windows XP 操作系统启动成功后的界面如图 1-3 所示。桌面由一些图标、任务栏和"开始"按钮组成。

（1）排列桌面图标

图标对应于某一项目，可能是文件、文件夹、某一程序或是其快捷方式，双击图标即可打开。右击桌面空白处，在弹出的快捷菜单中选择"排列图标"命令，可以按"名称"、"大小"、"类型"或"修改时间"进行排列，整理桌面。

图标，双击时可
启动相应的程序

启动后的整个工
作屏幕称为桌面

任务栏，放置打
开窗口的按钮

"开始"按钮

系统提示区

图 1-3　桌面

（2）"开始"按钮

"开始"按钮集中了系统自带和用户安装的程序，是运行应用程序的入口。单击"开始"按钮，弹出如图 1-4 所示的"开始"菜单。

（3）任务栏

每一个打开的窗口或是正在运行的程序在任务栏上均对应一个按钮，显示用户正在进行的多个任务。单击任务栏上的按钮或者按【Alt+Tab】组合键可以切换当前窗口。

（4）系统提示区

任务栏的右侧存放一些代表程序的图标和一个数字时钟，称为系统提示区。

双击任务栏上的系统时钟，弹出如图 1-5 所示的"日期和时间属性"对话框。核对、修改日期或时间，单击"确定"按钮保存更改。

图 1-4　"开始"菜单

图 1-5　"日期和时间属性"对话框

5．窗口操作

打开"我的电脑"（双击桌面上的"我的电脑"图标）和"资源管理器"窗口（右击"开始"菜单，使之成为当前窗口），然后练习下列窗口操作：

（1）鼠标指针放在标题栏上，拖动窗口；鼠标指针放在窗口边框上调整窗口的大小，出现滚动条，然后滚动窗口中的内容（见图1-6）。

图1-6　使用滚动条滚动窗口中的内容

（2）最小化/最大化窗口，然后再将窗口复原。

（3）分别通过任务栏和按【Alt+Tab】组合键切换当前打开的两个窗口。

（4）以不同方式排列已打开的窗口。

右击任务栏空白处，从弹出的快捷菜单中选择不同的命令，分别尝试层叠、横向平铺和纵向平铺窗口（见图1-7）。

图1-7　横向平铺窗口

实验二　文件及文件夹操作

一、实验目的

1. 熟练使用资源管理器。
2. 掌握文件夹和文件的组织管理。
3. 理解回收站的概念，掌握回收站的使用方法。
4. 掌握抓取屏幕窗口的操作方法。

二、实验内容

"资源管理器"和"我的电脑"是进行文件、文件夹管理的主要工具。两者的操作相似，以下均以"资源管理器"为例。资源管理器按照树形结构显示了计算机中存储的文件，用户可以按大图标、小图标、列表、详细资料等方式显示文件，也可以按多种方式对文件进行排序。

1. 认识资源管理器

打开资源管理器，如图 1-8 所示。

图 1-8　资源管理器窗口

（1）移动鼠标到两个窗格中间的分隔线，拖动此分隔线可调整左右窗格的大小。

（2）单击工具栏上的"查看"按钮，共有五种显示方式：缩略图、平铺、图标、列表和详细信息。如图 1-9 和图 1-10 所示，分别为缩略图和详细信息方式的显示结果。

（3）对文件排序

选择"查看"｜"排列图标"命令，在弹出的级联菜单中列出了各种排列方式。用户可选择按名称、大小、类型、修改时间等方式排列窗口中的文件。

另外，单击图 1-10 中右窗格的标题，可以实现快速按标题排列。

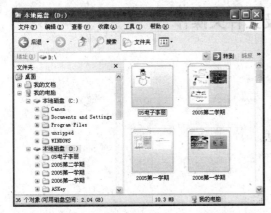

图 1-9　以缩略图方式显示

图 1-10　以详细信息方式显示

2. 创建文件/文件夹

（1）创建子文件夹

选中 D 盘，右击右窗格空白处（即 D 盘根目录），在弹出的快捷菜单中选择"新建"｜"文件夹"命令，此时文件夹的名称处于编辑状态，将其命名为：专业名+姓名（如电子李丽，以下称为练习文件夹）。

在练习文件夹中创建以下子文件夹，分别命名为"文本文件"和"查找结果"。

（2）创建文件

右击练习文件夹，在弹出的快捷菜单中选择"新建"｜"文本文档"命令，创建一个文本文件，默认文件名为"新建文本文档.txt"。

（3）打开文件

最简单的方式就是直接双击要打开的文件"新建文本文档.txt"，此时系统自动启动"记事本"应用程序，输入内容后保存并关闭文件。

右击文件图标，在弹出的快捷菜单中选择"打开方式"｜"选择程序"命令，弹出"打开方式"对话框，如图 1-11 所示，选择 Word 应用程序后单击"确定"按钮。此时启动 Word 应用程序并打开该文档。

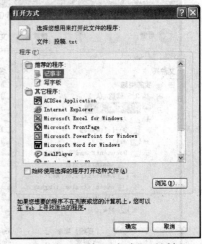

图 1-11　"打开方式"对话框

说明：默认以.txt 为扩展名的文件的关联程序为记事本应用程序，当双击以.txt 为扩展名的文件时将自动打开记事本应用程序并在该程序中打开文件。Windows XP 为已经注册的文档提供了可以选择的"打开方式"，最好选择关联程序打开文件。

（4）重命名文件

右击"新建文本文档.txt"文件，在弹出的快捷菜单中选择"重命名"命令，将其修改为 file.txt。

3. 复制/移动文件

右击 file.txt 文件，在弹出的快捷菜单中选择"移动"命令；打开"文本文件"文件夹，单击工具栏上的"粘贴"按钮。也可按【Ctrl+X】和【Ctrl+V】组合键完成。

说明：同一磁盘下直接拖动文件为移动命令；如果拖动的同时按下【Ctrl】键则执行复制命令。不同磁盘下直接拖动文件为复制命令；如果拖动的同时按下【Shift】键则执行移动命令。

4．设置文件/文件夹属性

右击 file.txt 文件，在弹出的快捷菜单中选择"属性"命令，弹出文件属性对话框，如图 1-12 所示。从显示的信息可了解该文件的位置、大小、创建时间等信息；选择"只读"和"隐藏"复选框。打开文件，添加内容并保存，此时弹出警告提示对话框（见图 1-13）。

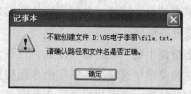

图 1-12　文件属性对话框　　　　　图 1-13　警告提示对话框

说明：因为在对文件、文件夹设置了只读属性后，文件只能读不能写，除非以其他名称命名或者保存在非当前位置，或者放弃此次修改。

如果设置"隐藏"属性后该文件仍然存在，这时需设置文件夹查看方式。选择"工具"｜"文件夹"命令，弹出"文件夹选项"对话框，切换到"查看"选项卡，在"隐藏文件和文件夹"设置中，选择"不显示隐藏的文件和文件夹"单选按钮（见图 1-14），回到原窗口，此时 file.txt 被隐藏起来。可以通过此操作保护较为重要的文件。

如果只显示文件的主文件名，扩展名不能显示，则在"高级设置"选项组中取消选择"隐藏已知文件类型的扩展名"复选框，其结果是列出所有文件的扩展名。

5．查找文件

练习在 C 盘中查找主文件名为 4 个字母、扩展名为.sys、大小不超过 10KB 的两个文件。

选择"开始"｜"搜索"命令，在"搜索结果"窗口（见图 1-15）中单击"所有文件和文件夹"超链接，在"全部或部分文件名"文本框中输入"????.sys"，在"搜索"下拉列表框中指定查找范围为 C 盘，单击"搜索"按钮开始查找。

在"搜索结果"窗口的"大小"分割条上单击，实现按文件的大小排序。按【Ctrl】键的同时单击选中满足条件的两个文件，将文件复制到"查找结果"子文件夹中。

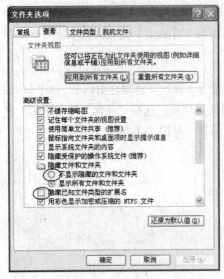

图 1-14 "文件夹选项"对话框

图 1-15 "搜索结果"窗口

6. 删除文件

右击任何一个文件，在弹出的快捷菜单中选择"删除"命令，在弹出的"确认文件删除"对话框中单击"是"按钮，此时文件被暂时放置在回收站中。如果删除文件的同时按【Shift】键，则文件直接被删除。

双击桌面上的"回收站"图标，打开"回收站"窗口（见图 1-16），右击被删除的文件，在弹出的快捷菜单中选择"还原"命令则撤销刚才的删除操作，文件从"回收站"消失，回到被删除前所在的位置；选择"删除"命令则真正将文件从磁盘删除。

说明：回收站实际上是一个文件夹，是被删除文件的临时存放地。右击"回收站"图标，从弹出的快捷菜单中选择"属性"命令，弹出如图 1-17 所示的"回收站属性"对话框，系统默认回收站的最大空间为每个驱动器的 10%，如果 C 盘驱动器大小为 13.9GB，回收站保留空间为 1.39GB。可以拖动滑动块改变其大小。

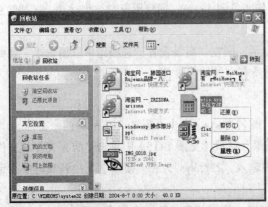

图 1-16 "回收站"窗口

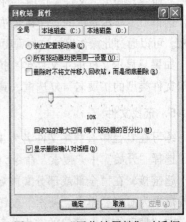

图 1-17 "回收站属性"对话框

实验三　屏幕抓取

一、实验目的

1. 学会抓取当前窗口及桌面。
2. 将抓取内容保存为文件。

二、实验内容

按键盘上的【PrintScreen】键（不同的计算机该键可能有所不同）可以复制整个桌面；按【Alt+PrintScreen】组合键则复制当前窗口。

1. 抓取整个桌面

（1）打开 Word 应用程序，选择"文件"｜"新建"命令，再选择"插入"｜"图片"｜"剪贴画"命令，在当前文档中插入一张剪贴画，如图 1-18 所示，单击 Word 窗口中的"还原"按钮，调整窗口到合适的大小。

（2）按【PrintScreen】键，在 Word 应用程序中新建一个文档，选择"编辑"｜"粘贴"命令，得到整个桌面，如图 1-19 所示。

图 1-18　在 Word 文档中插入一幅剪贴画

图 1-19　抓取整个桌面

2. 抓取当前窗口

（1）将如图 1-18 所示的窗口切换为当前窗口，按【Alt+PrintScreen】组合键。

（2）选择"开始"｜"所有程序"｜"附件"｜"画图"命令，启动"画图"程序，在"画图"程序窗口中选择"编辑"｜"粘贴"命令，将窗口复制过来。单击工具箱中的"选定"按钮，拖动鼠标只选定雪人，如图 1-20 所示，选择"编辑"｜"复制"命令，只将雪人从抓取的窗口图片中复制到剪贴板中。

（3）选择"文件"｜"新建"命令，创建一个新文件，再选择"编辑"｜"粘贴"命令。

（4）选择"文件"｜"保存"命令，保存文件到练习文件夹下，查看得知文件的扩展名为.bmp，是一种常见的图片文件扩展名。

图 1-20　选取部分图片区域

3. 设置墙纸

选择"文件"｜"设置为墙纸"命令，将当前图片以居中或平铺的方式置为墙纸，查看此时桌面的变化。

说明：按【PrintScreen】键后抓取的屏幕暂时存放在内存的剪贴板中，在打开能够编辑图片的应用程序（如画图或 Word）时，选择"粘贴"命令可以完成整个复制工作。

实验四　运行应用程序

一、实验目的

1. 掌握应用程序的概念。
2. 熟练查找、启动应用程序。
3. 熟练建立快捷方式。

二、实验内容

应用程序是为了解决某一现实问题而开发形成的一组文件，其中的启动文件通常以 .exe 为扩展名。此类文件是可执行文件，双击会自动执行并打开相应的窗口。常见的应用程序启动文件有 Winword.exe（Word 字处理）、Excel.exe（Excel 电子表格）、Powerpnt.exe（PowerPoint 演示文稿）、Mspaint.exe（画笔）、Notepad.exe（记事本）和 Calc.exe（计算器）等。

应用程序的运行有以下几种方式：

1. 选择"开始"｜"所有程序"命令

如果应用程序的启动方式已经添加在"开始"菜单中，如记事本程序，选择"开始"｜"所有程序"｜"附件"｜"记事本"命令，打开记事本程序窗口。

2．双击程序文件名

打开"我的电脑"或"资源管理器"窗口，获得程序文件所在文件夹，双击程序图标。这要求对程序所在路径非常熟悉，或者事先可以利用查找命令获得程序所在的路径。例如，打开资源管理器，找到 C:\Program Files\Microsoft Office\Office，双击 Winword 图标，启动 Word 应用程序。

3．选择"开始"｜"运行"命令

选择"开始"｜"运行"命令，弹出"运行"对话框，在"打开"文本框中输入文件所在的路径，如图 1-21 所示。也可以单击"浏览"按钮直接获得文件的路径。

4．创建文件的快捷方式

快捷方式是一种特殊的文件，指向文件所在的实际位置。用户可以在方便的位置（如桌面）上创建快捷方式，以便快速访问某个程序或文档。

右击指定位置，在弹出的快捷菜单中选择"新建"｜"快捷方式"命令，弹出"创建快捷方式"对话框，如图 1-22 所示，输入项目所在的位置或者单击"浏览"按钮直接获得文件的路径。

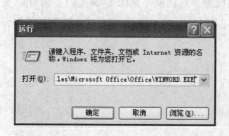

图 1-21　"运行"对话框

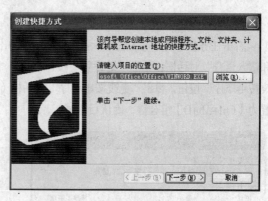

图 1-22　"创建快捷方式"对话框

提示：也可以通过步骤 4 的操作创建文件、文件夹的快捷方式。

实验五　查看系统设置

一、实验目的

掌握控制面板中鼠标、输入法、显示器的属性设置。

二、实验内容

1．设置鼠标

在"控制面板"窗口中双击"鼠标"图标，弹出"鼠标属性"对话框，如图 1-23 所示。在"鼠标键"选项卡中选择"切换主要和次要的按钮"复选框，即将鼠标的左右键互置，单击"确定"按钮后试用，然后再恢复原设置；适当调高左键的"双击速度"，并在右侧的测试区域测试目前的速度是否合适。

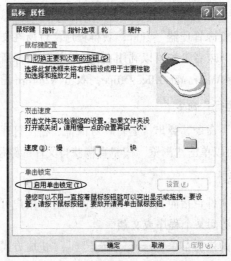

图 1-23 "鼠标属性"对话框

2. 设置输入法

右击任务栏中的"输入法指示器"图标，在弹出的快捷菜单中选择"设置"命令，弹出"文字服务和输入语言"对话框，单击"键设置"按钮，弹出"高级键设置"对话框（见图 1-24（a））。单击"更改按键顺序"按钮，弹出"更改按键顺序"对话框（见图 1-24（b）），将"智能 ABC 输入法"的热键设置为【Ctrl+Alt+O】组合键，确认后测试。

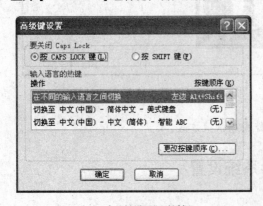

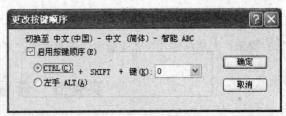

（a）"高级键设置"对话框　　　　　　　　　　（b）"更改按键顺序"对话框

图 1-24 设置输入法

3. 设置显示属性

在"控制面板"窗口中双击"显示"图标或者在桌面空白处右击，从弹出的快捷菜单中选择"属性"命令，弹出"显示属性"对话框，如图 1-25 所示。进行下列设置操作：

（1）切换到"桌面"选项卡，在"背景"列表框中更换一张背景图片，将其平铺在桌面上，然后观察实际效果。

（2）切换到"屏幕保护程序"选项卡（见图 1-26），在"屏幕保护程序"下拉列表框中选择"三维文字"屏幕保护程序，并将滚动的文字改为"你好"，等待时间设置为 1 分钟，然后观察实际效果。

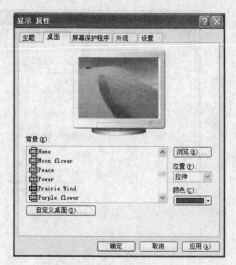

图 1-25　"桌面"选项卡　　　　　　　　图 1-26　"屏幕保护程序"选项卡

　　说明：屏幕保护程序最初是被用来保护 CRT 显示器的，因为以前的显示器在高亮显示情况下，如果长时间只显示一种静止的画面，屏幕显示就会始终固定在同一个画面上，即电子束长期轰击荧光层的相同区域，长时间下去，会因为显示屏荧光层的疲劳效应导致屏幕老化，甚至使显像管被击穿。屏幕保护程序使用一些动态画面通过不断变化的图形显示使荧光层上的固定点不会被长时间轰击，从而使荧光屏避免受伤。但是现在的显示器对长时间静止画面的承受能力已经非常强了，所以屏保的作用便发生了一些变化，现在屏保多被用来当作一种艺术品来欣赏或者利用屏保的密码来保护计算机在主人离开时不被他人使用。屏幕保护程序一般以 .scr 为扩展名，可以到 Internet 上寻找精美的屏保文件下载。

　　（3）切换到"设置"选项卡（见图 1-27），在"屏幕分辨率"选项组中拖动分辨率滑动块，设置屏幕分辨率为 1 024×768 像素，观察设置前后图标的变化。

　　说明：屏幕分辨率指屏幕能显示像素的数目，像素是可以显示的最小单位。分辨率越高，则像素越多，能显示的图形就越清晰。对于 15 英寸显示器，推荐使用 800×600 像素的分辨率，由于 15 英寸显示器的屏幕较小，点距较大，如果把分辨率设置成 1 024×768 像素，则显示的字体较模糊。

　　对于颜色质量，建议设置在"中（16 位）"，除非是为了进行精确的图形设计或 3D 游戏才设置在"最高（32 位）"，如果长期将显示器设置在最高质量，会让显示器功耗增大。

4．查看系统设置

　　双击"控制面板"窗口中的"系统"图标，弹出"系统属性"对话框，如图 1-28 所示。在"常规"选项卡中可以查看到 Windows XP 的版本信息，以及 CPU 主频为 1.8GHz，内存容量为 224MB。

　　切换到"硬件"选项卡（见图 1-29），单击"设备管理器"按钮，弹出"设备管理器"窗口（见图 1-30），显示了计算机上安装的硬件设备，并允许更改设备属性。

图 1-27 "设置"选项卡

图 1-28 "常规"选项卡

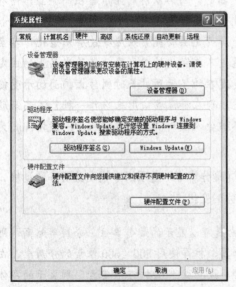

图 1-29 "硬件"选项卡

图 1-30 "设备管理器"窗口

实验六　安装驱动程序

一、实验目的

掌握设备驱动程序的安装。

二、实验内容

设备驱动程序是用来管理系统资源（硬件或者软件）的二进制可执行代码，下面是安装打印驱动程序的安装过程。

选择"开始"│"打印机与传真"│"添加打印机"命令，弹出"本地或网络打印机"对话框（见图 1-31），默认选择"连接到此计算机的本地打印机"单选按钮，选择"自动检测并安装即插即用打印机"复选框，单击"下一步"按钮，Windows 将搜索新的即插即用打印机。Windows XP 系统支持强大的即插即用功能，连接打印机后系统自动检测硬件并自动执行安装程序。

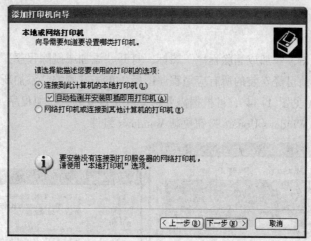

图 1-31　"本地或网络打印机"对话框

（1）如果未能检测到，需要手工安装打印机。

（2）在"选择打印机端口"的对话框中，选择"LPT1（推荐的打印机端口）"选项。

（3）在"安装打印机软件"对话框（见图 1-32）中选择厂商如"Hp"，选择打印机型号如"Hp LaserJet 4LC"，对于"要打印测试页？"提示，一般可单击"否"按钮，然后单击"完成"按钮。

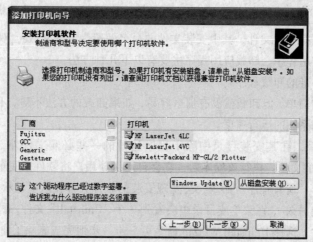

图 1-32　"安装打印机软件"对话框

实验七　系统维护

一、实验目的

1. 掌握常用系统维护的方法。

2. 学会安装、删除应用程序。

3. 灵活使用任务管理器。

4. 了解整理磁盘的意义。

二、实验内容

1. 添加/删除应用程序

在控制面板中双击"添加或删除程序"图标，打开"添加或删除程序"窗口，如图 1-33 所示。列表中显示出目前已经安装的所有应用程序图标。单击左侧的"添加新程序"按钮，切换到"添加新程序"窗口（见图 1-34），可根据需要选择从光盘或软盘添加程序，或者在接入 Internet 的情况下，通过单击 Windows Update 按钮更新 Windows 组件。

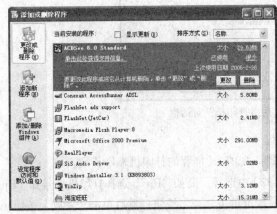

图 1-33 "添加或删除程序"窗口

图 1-34 "添加新程序"窗口

应用程序通常包括一组文件，其中安装文件的命名一般为 Install.exe，双击这个可执行文件，即可按照向导安装应用程序。卸载应用程序主要有以下几种方法。

（1）使用软件自带的卸载程序

软件的安装非常简单，但卸载就没有那么容易，如果卸载的方法不对，不但软件删除不干净，而且可能还会影响到系统的运行速度。

软件安装完成后，在其安装目录中除了程序运行的一些必需文件外，往往会有一个名为"Uninstall+软件名"的文件，执行该程序后，它会自动引导用户将软件彻底删除。

选择"开始"｜"所有程序"命令，会发现安装的软件大都在这里显示（如果没有找到，可以直接查找软件安装目录），在菜单或目录中会看到一个"Uninstall"文件，图 1-35 所示为 WinZip 应用程序的卸载文件，选择 Uninstall WinZip 命令可一步一步地完成删除工作。

图 1-35 WinZip 应用程序的卸载文件

（2）使用控制面板

如果软件无自带的 Uninstall 程序，可使用 Windows 控制面板中的"添加或删除程序"完成软件的删除。在"添加或删除程序"窗口（见图 1-33）中选择相应图标后单击"删除"按钮即可。

（3）删除软件的遗留项

有时删除软件时，会不小心把软件目录删除，软件本身已经不存在，但"添加或删除程序"中依然存在，时间长了，里面不用的项目就会越来越多。选择"开始"｜"运行"命令，弹出"运行"对话框，在"打开"文本框中输入"regedit"，打开注册表编辑器（见图 1-36），依次找到"HKEY_LOCAL_ MACHINE\Software\Micrsoft\Windows\Current Version\Uninstall"子键，其下都是"添加或删除程序"中的选项，删除它们，相应的"添加或删除程序"中的遗留项也将消失。

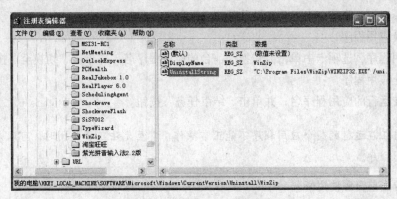

图 1-36　　"注册表编辑器"窗口

2．清理启动项

许多应用程序在安装时都会自作主张地添加到系统启动组中，每次启动系统都会自动运行，这不仅延长了启动时间，而且启动完成后会消耗有限的系统资源。可以采用以下两种方法清理启动组中的启动项：

（1）手工删除：选择"开始"｜"所有程序"｜"启动"命令，将其中不需要的快捷方式删除。

（2）选择"开始"｜"运行"命令，弹出"运行"对话框，在"打开"文本框中输入"msconfig"，启动"系统配置实用程序"，切换到"启动"选项卡（见图 1-37），此处列出了系统启动时加载的项目及来源，仔细查看是否需要它自动加载，否则取消选择项目前的复选框，加载的项目愈少，启动的速度自然愈快。此操作在系统重新启动后方能生效。

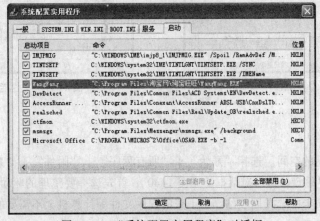

图 1-37　　"系统配置实用程序"对话框

3．使用任务管理器

Windows XP 的任务管理器提供了有关计算机性能的信息，显示了计算机上所运行的程序和进程的详细信息。

（1）启动任务管理器

按【Ctrl+Alt+Del】组合键或右击桌面任务栏的空白处，在弹出的快捷菜单中选择"资源管理器"命令，打开"任务管理器"窗口，如图 1-38 所示。

窗口中显示了所有当前正在运行的应用程序，不过它只显示当前已打开窗口的应用程序，而 QQ、MSN Messenger 等最小化至系统提示区的应用程序不会显示出来。

（2）切换应用程序

在"应用程序"选项卡中单击要切换为前台的应用程序名，并单击"切换至"按钮。

（3）终止应用程序

选择正在运行的应用程序名，并单击"结束任务"按钮。

提示：当正在运行的某个应用程序不能正常操作，甚至无法正常关闭时，可以启动任务管理器关闭该应用程序。

（4）查看当前资源使用情况

切换到"性能"选项卡，从这里可以看到计算机性能的动态概念，例如 CPU 和各种内存的使用情况（见图 1-39）。

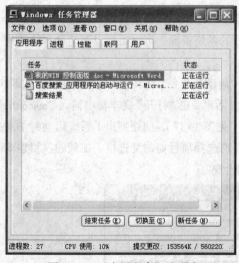

图 1-38　　"应用程序"选项卡

图 1-39　　"性能"选项卡

4．整理磁盘

（1）磁盘清理

用来释放硬盘上的空间。选择"开始"｜"所有程序"｜"附件"｜"系统工具"｜"磁盘清理"命令，弹出"磁盘整理"对话框（见图 1-40），首先选择要整理的驱动器，这里选择 C 盘，在"磁盘清理"选项卡中选择回收站、已下载的程序文件等计算机上不需要的文件，以获得更多的磁盘空间。

（2）磁盘碎片整理

用来加速计算机的硬盘读取速度。选择"开始"｜"所有程序"｜"附件"｜"系统工具"｜"磁盘碎片整理程序"命令，打开"磁盘碎片整理程序"窗口，选择驱动器后，单击"碎片整理"按钮，开始进行碎片整理。如图 1-41 所示，红色区域代表零碎的文件，蓝色区域代表连续的文件，白色区域代表可用空间，绿色区域代表系统文件。

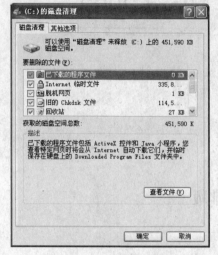

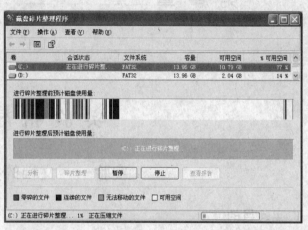

图 1-40　磁盘清理对话框　　　　图 1-41　"磁盘碎片整理程序"窗口

提示： 随着删除和安装文件过程的反复执行，磁盘上的可用空间变得越来越零碎，保存文件时文件的各部分分散在磁盘的不同位置。虽然物理上不妨碍文件的读写，但碎片太多会降低计算机的运行速度，同时造成磁盘当中的空白空间不连续，且每一个空白的空间都非常小。这样，当文件保存时，就只能分成多个小块保存，所以定期执行磁盘碎片整理是非常必要的。

5. 系统维护

在"控制面板"窗口中双击"管理工具"图标，打开"计算机管理"窗口，如图 1-42 所示。可以很方便地查看系统的各方面信息，如查看事件日志、设备管理器、磁盘信息、系统服务等。

这里是系统管理的中心。单击图 1-42 中的"事件查看器"，它包含的应用程序日志、安全性日志、系统日志记录着很多关键信息。当系统出现问题时，做的第一件事往往就是到这里查看日志，看有什么异常。

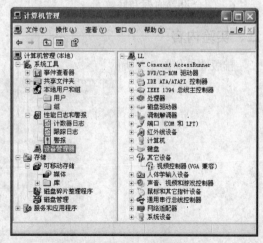

图 1-42　"计算机管理"窗口

第 2 章　字处理软件 Word 2003

实　验　指　导

实验一　文档的排版

一、实验目的

1. 掌握字符的格式化方法。
2. 掌握段落的格式化方法。
3. 掌握项目符号和编号的使用。
4. 掌握首字下沉的设置方法。
5. 学会内置样式的使用方法。
6. 学会设置边框和底纹。

二、实验内容

排版效果如图 2-1 所示。

图 2-1　效果图

（1）选择一种合适的输入法，输入以下内容：

SSL 安全协议最初是由 Netscape Communication 公司设计开发的，又叫安全套接层（Secure Sockets Layers）协议，主要目的是提供因特网上的安全通信服务，提高应用程序间数据交换的安全系数。SSL 协议的整个概念可以被总结为：一个保证任何安装了安全套接字的客户和服务器间事务安全的协议，它涉及所有 TCP/IP 应用程序。

（2）另起一段，输入以下内容：

采用 SSL 协议，可确保信息在传输过程中不被修改，实现数据的保密与完整性，在因特网上广泛用于处理财务上敏感的信息。但 SSL 也有缺陷，即它只能保证传输过程的安全，无法知道传输过程中是否受到窃听，一旦被窃听，黑客可以破译此 SSL 的加密数据，破坏和盗窃 Web 信息。

新的 SSL 协议被命名为 TLS（Transport Layer Security），安全可靠性有所提高，但仍不能消除原有技术上的基本缺陷。为了保证电子商务交易的安全，加强对黑客的打击和防范已是刻不容缓的任务。

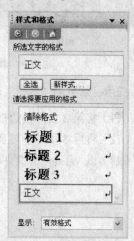

（3）以 W1.doc 为文件名（保存类型为"Word 文档"）将输入的内容保存在当前文件夹中，然后关闭该文档。

（4）将标题"SSL 安全协议"设置为"标题 3"样式，居中对齐，然后为标题添加淡蓝色的底纹。

① 选中"SSL 安全协议"，选择"格式"｜"样式和格式"命令，打开"样式和格式"任务窗格，如图 2-2 所示。

② 在"显示"下拉列表框中选择"所有样式"后，"请选择要应用的格式"列表框中会列出 Word 提供的所有样式，在其中选择"标题 3"。

图 2-2 "样式和格式"任务窗格

（5）将第 1 段"Secure Sockets Layers"几个字设置为红色、字符间距设置为加宽 6 磅、文字提升 6 磅、加上着重号（见图 2-3）。

（6）将第 2 段首行缩进 0.95cm，行间距设置为 24 磅，段前距离设置为 6 磅，段后距离设置为 24 磅。

提示：选择"格式"｜"段落"命令，弹出"段落"对话框（见图 2-4），进行相应设置。

图 2-3 "字体"对话框

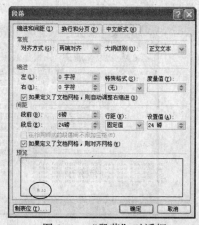

图 2-4 "段落"对话框

（7）将第3段的“可靠性”3个字设置为粗体、倾斜并添加下画线。

（8）将第5段加删除线，第6段加双删除线。

提示：选择“格式”｜“字体”命令，弹出“字体”对话框，进行相应设置。

（9）将第1段设置为首字下沉，并将其设置为淡蓝色底纹。

（10）将第2段加上15%的灰度底纹。

提示：选择“格式”｜“边框和底纹”命令，弹出“边框和底纹”对话框，切换到“底纹”选项卡，在“应用范围”下拉列表框中选择“文字”或“段落”效果是不同的，如图2-5所示。

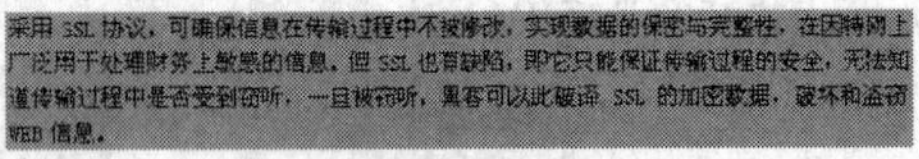

采用 SSL 协议，可确保信息在传输过程中不被修改，实现数据的保密与完整性，在因特网上广泛用于处理财务上敏感的信息。但 SSL 也有缺陷，即它只能保证传输过程的安全，无法知道传输过程中是否受到窃听，一旦被窃听，黑客可以此破译 SSL 的加密数据，破坏和盗窃 WEB 信息。

（a）“段落底纹”效果

新的 SSL 协议被命名为 TLS（Transport Layer Security），安全可靠性有所提高，但仍不能消除原有技术上的基本缺陷。为了保证电子商务交易的安全，加强对黑客的打击和防范已是刻不容缓的任务。

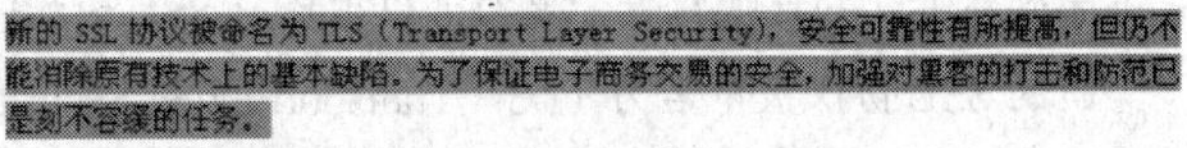

（b）“文字底纹”效果

图2-5 “段落底纹”和“文字底纹”效果比较

提示：切换到“底纹”选项卡，灰度底纹按灰度分成多个等级。

（11）将第3段加上边框。

（12）将后3段加上项目符号“◆”。

（13）以W1.doc为文件名保存到“作业”文件夹中。

实验二 美 化 文 档

一、实验目的

1. 学会输入和编辑艺术字。
2. 掌握艺术字的格式化方法。
3. 掌握边框（页面边框、文字边框和段落边框）的设置方法。

二、实验内容

排版效果如图2-6所示。

美化文档.doc - Microsoft Word
什么是数据仓库
数据仓库是一个环境，而不是一件产品，提供用户用于决策支持的当前和历史数据，这些数据在传统的操作型数据库中很难或不能得到。数据仓库是为了有效地把操作型数据集成到统一的环境中以提供决策型数据访问的各种技术和模块的总称。
数据仓库是一个环境，而不是一件产品，提供用户用于决策
支持的当前和历史数据，这些数据在传统的操作型数据库中很难或不能得到。数据仓库是为了有效地把操作型数据集成到统一的环境中以提供决策型数据访问的各种技术和模块的总称。

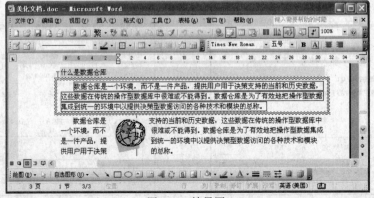

图2-6 效果图

（1）输入文字，并复制一份作为第 2 段。

（2）将小标题"什么是数据仓库"设置成灰色底纹。

（3）将第 1 段文字加上"文字"边框，再将第 1 段文字加上"段落"边框，如图 2-7 所示。

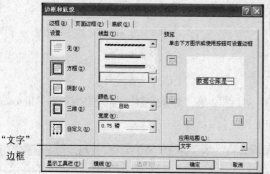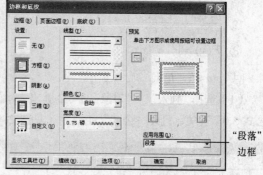

（a）设置"文字"边框　　　　　　（b）设置"段落"边框

图 2-7　设置边框

提示： 在"边框和底纹"对话框中，切换到"页面边框"选项卡，可设置整个文档的页面边框。

（4）将第 2 段分为不对称两栏，加上分隔线。

（5）插入剪贴画，并将环绕方式设置为"紧密型"（见图 2-8）。

（6）将第 2 段悬挂缩进 2 字符。

（7）以 W2.doc 为文件名保存到"作业"文件夹中。

图 2-8　设置"紧密型"环绕方式

实验三　数　学　公　式

一、实验目的

1. 掌握输入数学公式的方法。

2. 学会编辑数学公式。

3. 学会使用"公式"工具栏上的模板。

二、实验内容

输入下列数学公式：

① $f(x+y,x-y)=x^2-y^2$

② $\dfrac{\partial f(x,y)}{\partial x}+\dfrac{\partial f(x,y)}{\partial y}$

③ $F(y)=\int_y^{y^2}e^{-xy}\mathrm{d}x$

④ $p(a\leqslant x\leqslant b)=\sqrt[3]{x^2+2x+10}$

（1）选择"插入"｜"对象"命令，弹出"对象"对话框，在"对象类型"列表框中选择"Microsoft 公式 3.0"选项，打开"公式"工具栏（见图 2-9）。

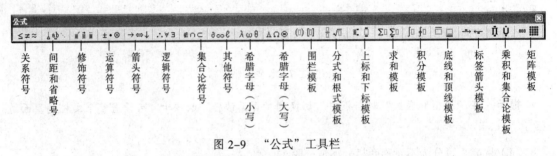

图 2-9　"公式"工具栏

（2）公式①等式左边及"="直接从键盘输入。

（3）输入"x"，并单击"下标和上标模板"按钮▓ ▓，在下拉列表框中选择▓选项（见图 2-9），并在上标处输入"2"。

（4）公式②使用其他符号模板▓∞ℓ，再使用分式和根式模板▓√，最后从键盘输入其他参数。

（5）公式③使用积分模板∫▓ ∮▓及下标和上标模板▓ ▓。

（6）公式④使用分式和根式模板▓√中的√模板输入根号。

公式是在公式编辑状态下输入的。公式中的键盘上已有的符号直接从键盘输入，键盘上没有的符号利用公式模板输入。

要设置公式的格式，可在公式编辑状态下进行。例如，修改某公式符号的大小，选中公式后，选择"尺寸"｜"定义"命令（见图 2-10）。

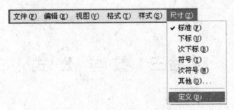

图 2-10　设置公式格式的菜单

（7）以 W3.doc 为文件名保存到"作业"文件夹中。

实验四　图文混排 1

一、实验目的

1. 了解插入图片及其基本编辑操作。
2. 利用"绘图"工具栏绘制图形。
3. 了解插入艺术字的方法。
4. 制作如图 2-11 所示的图文混排效果。

图 2-11　图文混排效果图

二、实验内容

（1）插入艺术字"计算机安全"作为标题。

（2）按【Enter】键，将光标插入点移动到艺术字"计算机安全"下方，开始输入以上文字，并设置字体为仿宋体，字号为小四。

（3）插入"动物"类中的"狮子"剪贴画。

（4）双击剪贴画"狮子"，弹出"设置图片格式"对话框（见图 2-12）。

（5）切换到"版式"选项卡，选择"四周型"环绕方式。

（6）切换到"大小"选项卡，分别输入高度 4cm、宽度 3cm。

（7）右击剪贴画"狮子"，在弹出的快捷菜单中选择"边框和底纹"命令，在打开的对话框中设置双线边框（见图 2-13）。

图 2-12　"设置图片格式"对话框

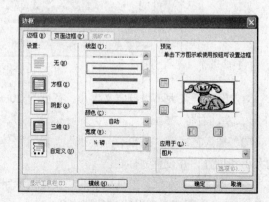

图 2-13　设置双线边框

（8）在狮子的下方插入文本框，内容为"图 1–狮子"，与图片组合在一起，移动到合适的位置。

（9）第 2 段首字下沉，并将"计"字设置为阴影文字。

（10）在正文中插入一幅"背景"剪贴画。

（11）设置高度为 18cm、宽度为 3cm，环绕方式设置为"衬于文字下方"。

（12）以 W4.doc 为文件名保存到"作业"文件夹中。

实验五　图文混排 2

一、实验目的

1. 了解文本框的作用。
2. 学会插入图文框。
3. 掌握图片与文字的排版方式。

二、实验内容

制作如图 2–14 所示的文档。

图 2–14　排版效果图

（1）设置纸张大小为自定义大小，宽度为 20cm，高度为 29cm，页边距为 2.6cm（上），3.6cm（下），左、右各 3.5cm。

（2）插入艺术字"想象力与音乐"，设置字体为楷体、字号为 36；并按样例所示调整艺术字的大小和位置，并设置为标题。

（3）单击"艺术字"工具栏中的"设置艺术字格式"按钮，弹出"设置艺术字格式"对话框，如图 2–15 所示重新设置艺术字的填充色。

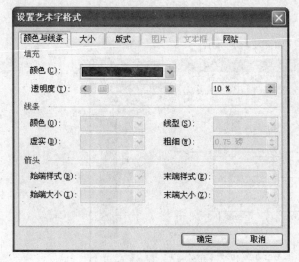

（a）"设置艺术字格式"对话框

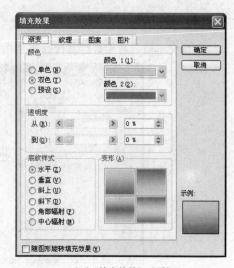

（b）"填充效果"对话框

图 2-15　设置双色过渡的填充色

（4）录入正文文字并设置为楷体。

（5）将正文第 2 段～第 4 段分成两栏，加分隔线。

（6）设置正文最后一段底纹的图案式样为 10%。

（7）在样例所示位置插入一个宽度 5.4cm、高度 2.2cm 的图文框，并在图文框中插入图片。

（8）设置正文第 4 段第 1 行"贝多芬"三字带下画线。

（9）添加尾注"贝多芬（1770 年～1827 年）德国作曲家，维也纳古典乐派代表人物之一"。

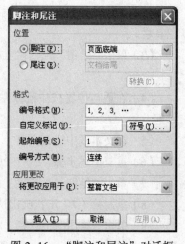

提示：选择"插入"｜"引用"｜"脚注和尾注"命令，弹出"脚注和尾注"对话框（见图 2-16），插入脚注和尾注。脚注通常用于一页的最后，尾注用于文档的最后。

（10）设置页眉/页码：按样例添加页眉文字，插入页码，并设置页眉、页码文本的格式。

图 2-16　"脚注和尾注"对话框

（11）以 W5.doc 为文件名保存到"作业"文件夹中。

实验六　流　程　图

一、实验目的

1. 了解插入图片及其基本编辑操作。
2. 了解插入自选图形的方法。
3. 掌握文本框的使用。
4. 学会组合图形。

二、实验内容

利用文本框、箭头等绘制计算机结构图，如图2-17所示。

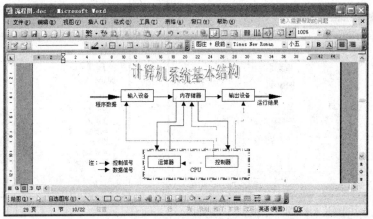

图2-17 计算机基本结构

（1）新建一个Word文档，插入艺术字"计算机系统基本结构"作为标题，并利用"艺术字"工具栏（见图2-18）设置艺术字的排列方式为"正V形"。

（2）如果"绘图"工具栏没有显示在窗口中，选择"视图"｜"绘图"命令，打开"绘图"工具栏。

（3）单击"绘图"工具栏上的"（横排）文本框"按钮▤或选择"插入"｜"文本框"｜"横排"命令。

（4）在适当位置按住鼠标左键拖动，此时鼠标指针在工作区内显示为"+"形，画出一个文本框。

（5）在文本框中输入文字。

（6）重复上述步骤（2）～（4），完成5个文本框的输入。

（7）单击"绘图"工具栏上的"箭头"按钮↘，按住鼠标左键拖动，画出一个箭头。

（8）重复第（7）步，画出所有的箭头。

（9）单击"绘图"工具栏上的"直线"按钮＼，画出图中的直线（图中的折线是由多条直线组成的）。

（10）单击图中需要设置为虚线的一条直线，再单击"绘图"工具栏上的"虚线线型"按钮▦，如图2-19所示，选择第2种类型虚线类型，将直线改为虚线。

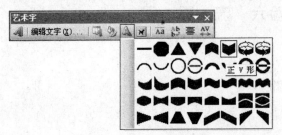

图2-18 "艺术字"工具栏

图2-19 "线型"框

（11）单击"绘图"工具栏上的"矩形"按钮，画出包围运算器和控制器的矩形框。此时矩形框将文字覆盖。

（12）选中矩形框，单击"绘图"工具栏上的"绘图"下拉按钮，在弹出的下拉菜单中选择"叠放层次" | "衬于文字下方"命令，如图 2-20 所示。

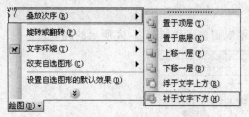

图 2-20 叠放层次级联菜单

（13）选中矩形框，设置线型为 3 磅；单击"绘图"工具栏上的"虚线线型"按钮，选择"长画线–点–点"即最后一种虚线。

（14）选中矩形框，选择"格式" | "自选图形"命令，弹出"设置自选图形格式"对话框，切换到"颜色与线条"选项卡，将填充颜色选项设置为无填充颜色，如图 2-21 所示。

（15）单击"绘图"工具栏上的"选择对象"按钮，鼠标指针在工作区内显示为箭头型，在适当位置，按下鼠标左键自上向下画出一个虚线框，以包含所有图形对象，然后松开鼠标左键，所有图形对象被选中（也可按住【Shift】键，依次单击所有对象），如图 2-22 所示。

图 2-21 "设置自选图形格式"对话框

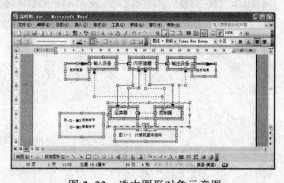

图 2-22 选中图形对象示意图

（16）单击"绘图"工具栏上的"绘图"按钮，在弹出的下拉菜单中选择"组合"命令，将多个对象组合为一个整体。

提示：若需要修改，必须取消组合。

（17）以 W6.doc 为文件名保存到"作业"文件夹中。

实验七 表 格

一、实验目的

1. 了解表格的基本操作和编辑。
2. 掌握"表格"菜单里插入表格的操作命令。

3. 掌握规则和不规则表格的插入方法。

4. 学会设置单元格底纹。

5. 学会插入特殊符号。

二、实验内容

制作如图 2-23 所示的不规则表格和如图 2-24 所示的规则表格。

图 2-23　不规则表格

图 2-24　规则表格

（1）选择"表格"｜"绘制表格"命令，打开"表格和边框"工具栏（见图 2-25），利用"绘制表格"按钮 ✐ 绘制出如图 2-23 所示的表格。

图 2-25　"表格和边框"对话框

提示：利用"擦除"按钮 ✐，可擦除多余的线条。

（2）选择"表格"｜"选择"｜"单元格"命令，选中要设置底纹的单元格；再选择"表格"｜"表格属性"命令，在"表格属性"对话框（见图 2-26（a））中单击"边框和底纹"按钮，在弹出的"边框和底纹"对话框（见图 2-26（b））中将底纹设置为灰色（见图 2-26）。

（a）"表格属性"对话框

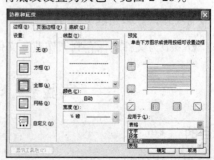

（b）"边框和底纹"对话框

图 2-26　设置底纹

提示：选择"表格"｜"选择"｜"表格"命令，可选中整个表格。单击表格左上角的⊞，也可选中整个表格。

（3）依次为样例中的灰色单元格设置底纹。

（4）选择"插入"｜"符号"命令，弹出"符号"对话框。在"字体"下拉列表框中选择"Wingdings"字体，在对应的符号列表中选择▯符号（见图 2-27）。

图 2-27　"符号"对话框

用同样的方法输入符号□。

（5）选择"插入"｜"图片"｜"来自文件"命令，将图片插入"照片"单元格中。

提示：图片要使用嵌入方式。

（6）将"部门"单元格文字居中。

右击"部门"单元格，在弹出的快捷菜单中选择"单元格对齐方式"｜"水平垂直对齐"命令，如图 2-28 所示。

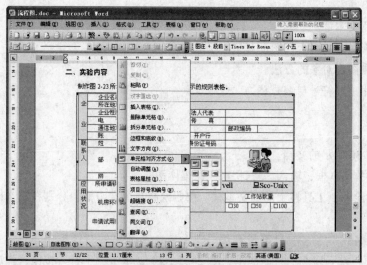

图 2-28　设置单元格对齐方式

（7）制作及快速格式化规则表格。

① 选择"表格"｜"插入表格"命令，插入一个 5 行 5 列的表格。

② 选中整个表格，选择"表格"｜"表格自动套用格式"命令，弹出"表格自动套用格式"对话框，选择"彩色型 2"，可快速格式化表格，如图 2-29 所示。

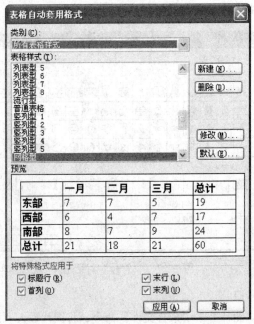

图 2-29　"表格自动套用格式"对话框

实验八　图　形　组　合

一、实验目的

1. 学会使用文本框。
2. 掌握图形对象的组合与图形对象间层的关系。
3. 掌握绘制图形对象的方法。
4. 学会使用项目符号与编号。

二、实验内容

制作如图 2-30 所示的文档。

（1）插入横排文本框，输入"'三层次'课程体系"。

（2）利用"绘图"工具栏上的"文本框"按钮绘制几个文本框，分别在文本框中输入样例中的内容。

（3）选择"格式"｜"项目符号和编号"命令，在弹出的对话框中单击"自定义"按钮，弹出"自定义项目符号列表"对话框（见图 2-31（a）），单击"字符"按钮，弹出"符号"对话框（见图 2-31（b）），选择"Wingdings"字体中的对应符号。

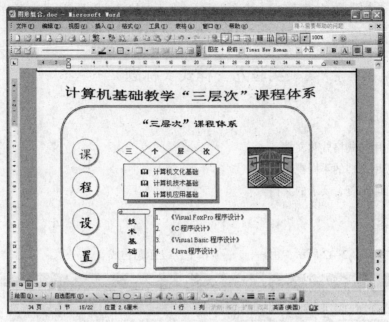

图 2-30　图形组合实例

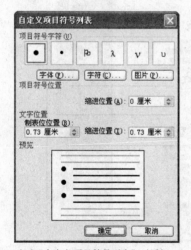

（a）"自定义项目符号列表"对话框

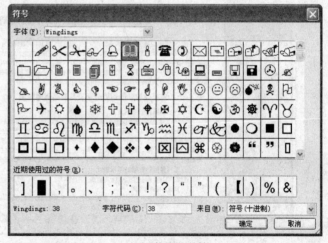

（b）"符号"对话框

图 2-31　自定义项目符号

（4）单击"绘图"工具栏上的"椭圆"按钮，按住【Shift】键拖动，绘制一个正圆。

（5）按住【Ctrl】键，拖动步骤（4）中绘制的圆，复制 3 个大小一样的圆。

（6）依次往每个正圆中输入文字并对文字进行修饰。

（7）选中圆，单击"绘图"工具栏上的"阴影"按钮▇，依次为每个圆增加一种阴影效果。

（8）按照样例所示，将所绘制的对象拖动到合适的位置，并通过"绘图"工具栏上的"绘图"｜"叠放次序"命令调整它们的层次关系。

（9）按住【Shift】键，依次单击要组合的图形对象，并通过"绘图"工具栏上的"绘图｜组合"命令对图形对象进行恰当的组合，使它们成为一个整体。

提示：若选中图片，按住【Ctrl】键的同时用4个方向键移动图片，一次仅移动1个像素，这样可将对象进行准确对齐。若直接用方向键移动，一次移动一行距离。

实验九 样式（标题）

一、实验目的

1. 学会利用样式格式化文档。
2. 学会应用文档的不同视图。
3. 学会打印出符合要求的文档。

二、实验内容

文档的原文如图2-32所示，由一、（一）和1三级标题构成。

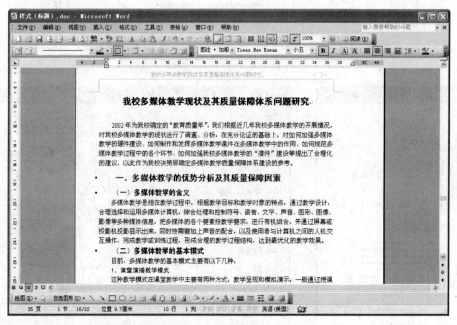

图2-32 文档原文

1. 用样式格式化标题

（1）选中"一、多媒体教学的优势分析及其质量保障因素"标题，选择"格式"︱"样式和格式"命令，在打开的"样式和格式"任务窗格中，选择"所有样式"中的"标题2"，将其设置为标题2格式。

（2）用格式刷复制标题2样式，依次复制标题2样式至所有同级标题。

（3）用同样方法将"（一）"、"（二）"……级标题设置为标题3样式，"1."、"2."……级标题设置为标题4样式。

（4）选择"视图"︱"大纲视图"命令，在大纲视图下浏览该文档，当单击工具栏中的"2"（即"显示至标题2"）时，窗口中文档内容的显示形式如图2-33所示。

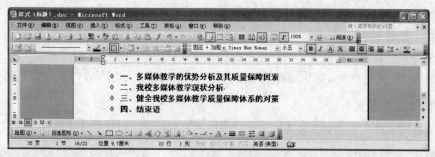

图 2-33　大纲视图

（5）选择"视图"｜"文档结构图"命令，窗口中文档内容的显示形式如图 2-34 所示。

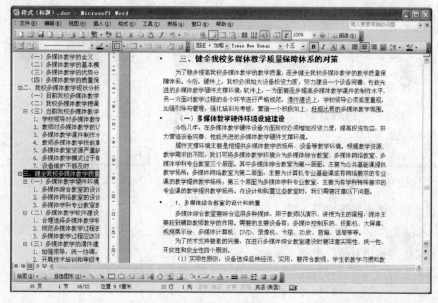

图 2-34　文档结构图

（6）单击左栏中任一标题，即可快速浏览其对应的正文。

提示：文档结构图用于快速浏览长文档。

2．在文档前自动生成目录（见图 2-35）

图 2-35　自动生成的目录

（1）定位好光标插入点，选择"插入"｜"引用"｜"索引和目录"命令，弹出"索引和目录"对话框（见图2-36）。

（2）切换到"目录"选项卡，选择显示级别。默认状态下，标题1对应显示级别1，标题2对应显示级别2，依此类推。这里选择显示级别为"4"，即生成如图2-35所示的目录。

3．页面及打印设置

（1）选择"文件"｜"页面设置"命令，弹出"页面设置"对话框（见图2-37）。

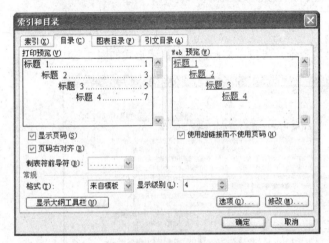

图 2-36   "索引和目录"对话框   图 2-37   "页面设置"对话框

（2）切换到"纸张"选项卡，将"纸型"设置为"A4"。

（3）选择"文件"｜"打印"命令，弹出"打印"对话框，当打印使用的纸张与原打印机"属性"不相符时，应使用对话框中的"属性"选项进行修改。

（4）当需要打印一页进行测试时，可选中对话框中的"当前页"选项。

提示：

（1）在"打印"对话框中选择"手动双面打印"复选框后，可只打印偶数页。

（2）利用Word提供的样式可自动生成目录。

（3）大纲视图用于编辑长文档标题。

（4）文档结构图用于快速浏览长文档。

上 机 练 习

练习一　个 人 简 历

用Word 2003编辑一个文档，其内容和格式编排要求如下：

（1）写一个简单的个人简历，要求不少于500个汉字，文字简明扼要。

（2）图文并茂，并且所选择的图片素材要与文字内容相符。

（3）不少于15种格式设置。

（4）主题要醒目。

（5）在文档的最后，将所使用的格式以表格的形式列出，表格的样式如表 2-1 所示。

表 2-1　表格样式

格式编号	1	2	3	4	5	6	7	8	9	10	11	12	13	14	15
格式名称	字体设置	动态效果	项目符号	页眉页脚	页面边框	文字底纹	对齐方式	段前距离	艺术字	首字下沉	分栏	数学公式	悬挂缩进	绘制图形	组合图形

（6）版面设计要美观、大方，有良好的视觉效果。

（7）将该文档以"个人简历—姓名学号.doc"为文件名保存在个人文件夹中，并通过局域网提交到教师计算机上或以附件的形式发送邮件给老师。

练习二　综 合 练 习

练习二的实例效果如图 2-38 所示。

图 2-38　效果图

（1）在 Word 文档中输入下列内容：

在 20 世纪 70 年代初期，Scott Morton 首先提出了 DSS 的重要概念，他将 DSS 定义为："一种交互的基于计算机的系统，该系统能帮助决策人使用数据和模型解决非结构化的问题。"

（2）文档的最后另起一段，将文档的内容进行复制。然后在文档的最前面插入一行标题"决策支持系统"。

（3）标题设置为"标题 1"样式，居中，字体设置为华文行楷，字符间距为加宽 6 磅，并为标题设置为 3 磅淡蓝色阴影边框。

（4）正文的中文字体设置为宋体四号字，英文设置为 Arial Narrow 字体。行距设置为最小值 20 磅，并设置段后 0.5 行，前两段正文设置首行缩进 2 个字符。

（5）按样例所示插入季节类中的任意一张剪贴画，缩小到 50%，环绕方式为衬于文字下方，并设置为水印。

（6）最后一段正文加上如样例所示的红色项目符号。

（7）第二段分两栏，栏间距为 3 个字符，加分隔线。

（8）插入样例所示的"星和旗帜"类的自选图形"爆炸形 1"，添加文字"决策"，设置为方正舒体、二号字，自选图形的填充色设置为浅黄色，环绕方式设置为紧密型。

练习三　图文混排

编辑一个文档，其内容和格式编排要求如下：

（1）自选一个风景区（如家乡风景）或旅游风景作为主题。

（2）在文档第一段中插入艺术字"风光"，格式自定，衬于文字下方。

（3）在文档第三段中插入任意卡通画，设置图片格式的版式为四周型。

（4）在文档最后插入任意图片，设置图片格式的版式为嵌入型。

（5）设置页眉为风景区中英文名称，左对齐。

（6）为页眉添加一"冲蚀"效果（见图 2-39）的图片、右对齐。

图 2-39　"冲蚀"效果设置

（7）将页码置于页脚、居中对齐。

（8）设置文档分栏为 2 栏。

（9）插入数学公式。

（10）制作风景介绍流程图。

（11）打印预览文档。

（12）将文档以"风光.doc"为文件名保存在"作业"文件夹中。

练习四　流程图

在 Word 文档中制作如图 2-40～图 2-42 所示的 3 个流程图，并将文档以"流程图.doc"为文件名保存在"作业"文件夹中。

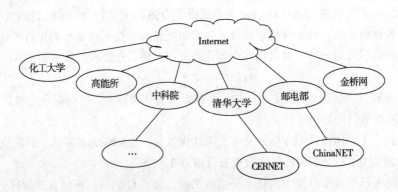

图 2-40　流程图示意 1

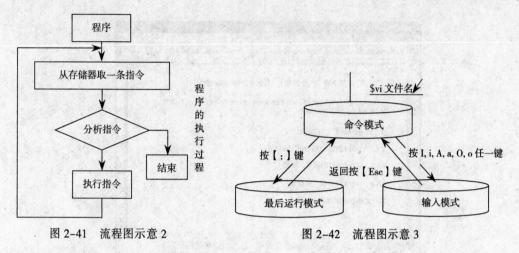

图 2-41　流程图示意 2　　　　　　　图 2-42　流程图示意 3

提示：注意箭头和文本框间的叠放次序。

练习五　数学公式

在 Word 文档中制作如表 2-2 所示的数学公式，并将文档以"数学公式.doc"为文件名保存在"作业"文件夹中。

表 2-2　数学公式

类　型	实　例	类　型	实　例
分数	$8\dfrac{5}{102}$	根式	$\sqrt{53}\quad\sqrt[2]{90}\quad\sqrt[3]{x^2-34}$
求和	$\displaystyle\sum_{i=1}^{n}x_i p_i$	公式	$p(x)=\dfrac{x^2-4x+y^4-y^3}{\sqrt{\dfrac{7a}{a+b}}}$
矩阵	$\begin{bmatrix} a_1 & a_2 & a_3 \\ b_1 & b_2 & b_3 \\ c_1 & c_2 & c_3 \end{bmatrix}$	表达式	$5a^2-9x$
积分	$\displaystyle\iint_{x<1;y<5}\dfrac{1}{x^2-y^2}$	—	—

练习六　创建目录

（1）建立文档，输入以下文字。由于篇幅有限，这几段文字只输入标题。对其进行设置，生成目录（见图 2-43 和图 2-44）。

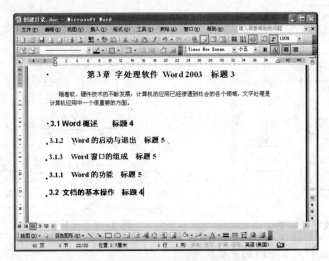

图 2-43　标题格式设置

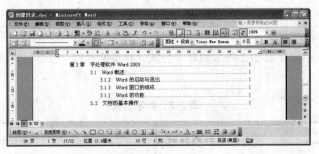

图 2-44　生成的目录

（2）修改目录

选择"视图"｜"大纲视图"命令，切换到大纲视图，显示级别选择"7"（见图 2-45）。

图 2-45　大纲视图

（3）拖动标题 3.1.1 至 3.1.2 之前。

提示：在大纲视图中，可只显示设置一定级别的标题，使得查看文档的结构变得很容易，并且可以通过拖动标题来移动、复制或重新设置标题格式。

（4）选择"视图"｜"页面"命令，切换到页面视图。此时 3.1.1 小节的正文内容也已调整到 3.1.2 之前。

（5）重复步骤（1），重新生成目录。

第 **3** 章 电子表格处理软件 Excel 2003

实 验 指 导

实验一 创建工作表

一、实验目的

1. 掌握 Excel 中合法的数据类型和输入方法。
2. 掌握工作表的编辑方法。

二、实验内容

输入数据如图 3-1 所示。

（1）新建工作表

新建一个 Excel 工作簿，将工作表 "Sheet1" 重命名为 "数据清单表"，以 homework1.xls 为文件名（保存类型为 "Excel 工作簿"）保存在练习文件夹的 Excel 子文件夹中。

（2）向工作表中输入数据

① 单个单元格数据输入

将光标定位在单元格中，然后进行数据输入即可。此处的数据包含文本、数值、日期和时间及逻辑类型。

	A	B	C	D	E	F
1			勤工助学收入一览表			
2			信息学院			
3	编号	姓 名	专业	入学时间	工作时数	小时报酬
4	1	牛德华	电子工程	03-9-1	160	36
5	2	杨果	电信	05-9-1	140	28
6	3	欧阳	信号处理	06-9-1	110	21
7	4	杨柳青	电子工程	05-9-1	160	34
8	5	段 玉	电子工程	06-9-1	140	31
9	6	刘朝阳	信号处理	05-9-1	110	23
10	7	黄蓉	电信	06-9-1	140	28
11	8	宋单单	信号处理	05-9-1	160	42
12	9	陈勇强	信号处理	06-9-1	120	28
13	10	王义夫	电信	06-9-1	140	21

图 3-1 建立数据清单

② 系列数据自动填充输入

- 输入相同数据：选定输入相同数据的区域，输入数据，再按【Ctrl+Enter】组合键。
- 输入系列数据：先输入初始数据，再将鼠标指向该单元格右下角的填充柄，此时鼠标指针变为实心十字形，按下鼠标左键向下或向右拖动到填充的最后一个单元格，然后松开鼠标左键即可。

下面给出快速填充数据的一个例子：当选中图 3-2 中相应单元格的内容拖动填充柄时，产生的结果如图 3-3 所示。

	A	B	C	D	E	F
1	练习　请拖动下面各单元格的填充柄，查看填充效果					
2						
3	爱你一万年	250	爱你10000年	1	子	一月
4				3		
5						
6						
7						
8						
9						
10						
11						
12						
13						
14						
15						

图 3-2　输入系列数据

	A	B	C	D	E	F
1	练习　请拖动下面各单元格的填充柄，查看填充效果					
2						
3	爱你一万年	250	爱你10000年	1	子	一月
4	爱你一万年	250	爱你10001年	3	丑	二月
5	爱你一万年	250	爱你10002年	5	寅	三月
6	爱你一万年	250	爱你10003年	7	卯	四月
7	爱你一万年	250	爱你10004年	9	辰	五月
8	爱你一万年	250	爱你10005年	11	巳	六月
9	爱你一万年	250	爱你10006年	13	午	七月
10	爱你一万年	250	爱你10007年	15	未	八月
11	爱你一万年	250	爱你10008年	17	申	九月
12	爱你一万年	250	爱你10009年	19	酉	十月
13	爱你一万年	250	爱你10010年	19	戌	十一月
14	爱你一万年	250	爱你10011年	19	亥	十二月

图 3-3　输入系列数据结果

填充柄功能总结如表 3-1 所示。

表 3-1　填充柄功能总结

选 中 内 容	拖动填充柄时执行的动作
文本类型数据	复制（如 A 列）
数值类型数据	复制（如 B 列）
	同时按下【Ctrl】键，产生自动增 1 序列
文本与数值混合	数值自动增 1（如 C 列）
同时选中连续的两个数值类型数据	以两个数值的差为步长自动产生等差序列（如 D 列）；选择"编辑"｜"填充"｜"序列"命令可进行详细设置（见图 3-4）
选中已经存在的自定义序列中的某一元素	自动填充序列（如 EF 列）；选择"工具"｜"选项"命令，弹出"选项"对话框，切换到"自定义序列"选项卡，逐一输入欲添加序列的若干元素（以【Enter】键或"，"分隔）后单击"添加"按钮（见图 3-5）即可添加新序列

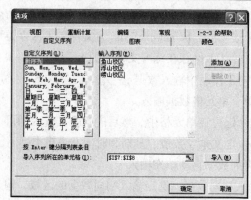

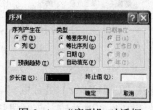

图 3-4　"序列"对话框　　　　　图 3-5　"自定义序列"选项卡

（3）选取单元格

① 选取单个单元格：单击该单元格。

② 选取多个连续单元格（单元格区域）：用鼠标单击选择区域左上角第一个单元格，按住【Shift】键，再用鼠标单击选择区域右下角最后一个单元格即可。

③ 多个不连续单元格或单元格区域的选取：选择第一个单元格或单元格区域，按下【Ctrl】键，同时用鼠标再选择其他单元格区域，最后松开【Ctrl】键。

④ 整行或整列单元格的选取：用鼠标单击工作表相应的行号或列号，或拖动鼠标选择连续的整行或整列。

⑤ 全部单元格的选择：单击"全部选择"按钮（行与列的交汇点）或按【Ctrl+A】组合键。

（4）编辑单元格数据

① 数据修改

双击待编辑的单元格，可对其内容进行修改，按【Enter】键确认所进行的修改，按【Esc】键放弃所进行修改。

② 数据清除

与删除命令不同的是不改变原单元格的位置。选择"编辑"｜"清除"命令（见图 3-6），分为清除全部（全部内容）、格式（数据格式保留内容）、内容（保留格式仅清除内容）、批注（仅清除批注）。

③ 数据复制/移动

鼠标放在选定单元格或单元格区域的下方，按住左键将数据拖动到目标位置，松开鼠标左键即可完成移动操作；如果拖动的同时按住【Ctrl】键则为复制操作。

复制、移动和粘贴命令同样可以完成以上要求。

④ 选择性粘贴

可以选择"编辑"｜"选择性粘贴"命令实现数据的快速输入和转换。

举例：假设"工作时数"列中的数据在输入时均少算了 10 小时，在数据清单外的某一单元格中输入 10，复制该单元格；选定 E4:13 单元格区域，选择"编辑"｜"选择性粘贴"命令（见图 3-7），在"运算"选项组中选择"加"单选按钮，单击"确定"按钮退出。选中区域的数据均实现了自动加 10 运算。

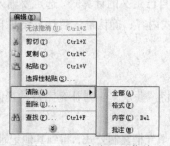

图 3-6　"清除"子菜单

图 3-7　"选择性粘贴"对话框

（5）工作表窗口的拆分与冻结

① 工作表窗口拆分

当数据区域较大，无法在同一窗口中显示其不同部分时（如前后记录的比较），可把工作表窗口拆分成 2 个或 4 个窗格。

选择"窗口"｜"拆分"命令，用鼠标直接拖动工作簿窗口中的水平拆分线、垂直拆分线即可。

要取消拆分，选择"窗口"｜"撤销拆分窗口"命令即可。

② 工作表窗口冻结

将工作表窗口的上部或左部固定住，使其不随滚动条的滚动而移动，这样在处理大量的数据时就能很容易找到表头。

选中欲冻结行或列的下一行或右边一列，选择"窗口"｜"冻结拆分窗口"命令即可。

要取消冻结，选择"窗口"｜"撤销冻结窗口"命令即可。

实验二　公式和函数

一、实验目的

1. 掌握公式和函数的使用。
2. 掌握绝对引用、相对引用和混合引用的概念。

二、实验内容

使用公式完成工作表，效果如图 3-8 所示。

A	B	C	D	E	F	G	H	I	J
			勤工助学收入一览表						
			信息学院				个税起征点	1500	
编号	姓 名	专业	入学时间	工作时数	小时报酬	薪 水	个人所得税	评价	排名
1	牛德华	电子工程	03-9-1	160	36	5760	127.8	革命的老黄牛	2
2	杨果	电信	05-9-1	140	28	3920	72.6	要加油啦	5
3	欧阳	信号处理	06-9-1	110	21	2310	24.3	要加油啦	10
4	杨柳青	电子工程	05-9-1	160	34	5440	118.2	革命的老黄牛	3
5	段 玉	电子工程	06-9-1	140	31	4340	85.2	要加油啦	4
6	刘朝阳	信号处理	05-9-1	110	23	2530	30.9	要加油啦	9
7	黄攀	电信	06-9-1	140	28	3920	72.6	要加油啦	5
8	宋单单	信号处理	05-9-1	160	42	6720	156.6	革命的老黄牛	1
9	陈勇强	信号处理	05-9-1	120	28	3360	55.8	要加油啦	7
10	王义夫	电信	06-9-1	140	21	2940	43.2	要加油啦	8

图 3-8　使用公式

Excel 的数据计算是通过公式来实现的，公式是用户自己定义的计算式。选定要输入公式的单元格，在单元格中首先输入一个等号"="，然后输入公式内容；确认输入后计算结果自动填入该单元格。

1. 公式的使用

（1）在 G3 单元格中输入列标题"薪水"，使用公式将"薪水"一列补充完整，其值为"工作时数"与"小时报酬"的乘积。

在 G4 单元格中输入"=E4*F4"，计算出薪水值。拖动填充柄复制公式，得到其他记录的薪水值。

（2）在 H3 单元格中输入列标题"个人所得税"，计算规则为薪水超过 1 500 的部分按 3% 计算。可以用以下 3 种方法实现：

① 使用常量

在 H4 单元格中输入"=(G4-1500)*0.03"，计算得出其所得税。拖动填充柄复制公式，得到其他记录的个人所得税值。

如果个人所得税的起征点频繁发生变化，可以在数据清单外的任一单元格输入起征点数据，使用该单元格的绝对引用或指定名称进行计算。

② 使用单元格绝对引用（见图 3-9）

在 I1 单元格中输入个人所得税起征点，公式中使用该单元格的绝对引用。

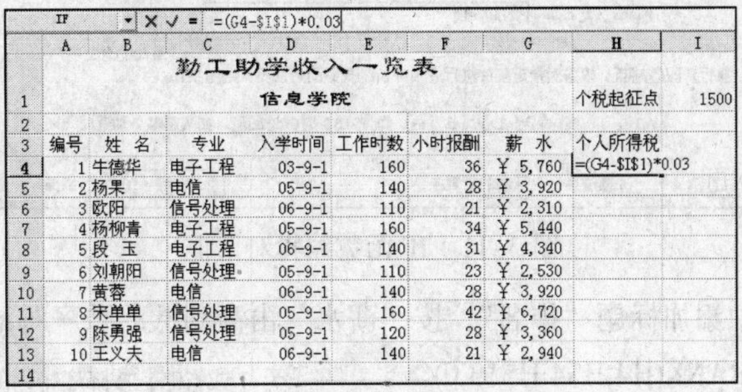

图 3-9　使用单元格绝对引用

③ 指定单元格名称（见图 3-10）

默认单元格的名称为列号加行号，当选定某一单元格时，名称框会提示它的名称。也可以直接在名称框中输入指定的名称，如 tax，将个人所得税的公式改为"=(G4-tax)*0.03"。试改变 income 中的值，通过观察可发。现所有引用该地址的公式都会自动更新。

图 3-10　指定单元格名称

2. 函数的使用

函数是系统预先包含的用于对数据进行求值计算的公式。当用户遇到同一类计算问题时，只需引用函数，而不需要再编制计算公式。

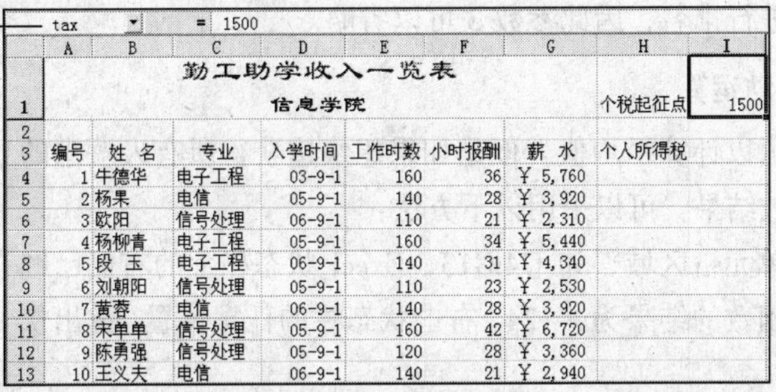

（1）在 I3 单元格中输入"评价"标题，该列的取值规则为：若该记录的"工作时数"大于等于 150，则设定为"革命的老黄牛"，否则为"需要加油了!!!"

使用 IF 函数=IF(H4>150,"革命的老黄牛","需要加油了!!!")

条件表达式　条件表达式为 TRUE 时返回的值　条件表达式为 FALSE 时返回的值

提示：函数中的标点应为英文符号，在该例中两个返回值均为文本串故要加双引号。如果有多个条件表达式，可以使用嵌套 IF 函数，可参照"Microsoft Excel 帮助"（"帮助"菜单中）。

除了以上在单元格中直接输入公式的方法外，可以选择"插入"｜"函数"命令或者单击工具栏上的"粘贴函数"按钮 f_x，在弹出的 IF 函数编辑对话框（见图 3-11）中进行参数设置。

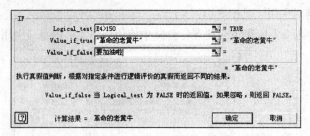

图 3-11　IF 函数编辑对话框

（2）在 J3 单元格中添加标题"排名"，按"薪水"由高到低的顺序对记录进行排名

使用 RANK 函数=RANK(H4,H\$4:H\$13,0)————— 为 0 或省略，按降序排列的数据清单
　　　　　　　　　　　　　　　　　　　　　　　进行排名，为非 0 值则按升序排名

　　　　　　　需要找到排位的数字　排名的区域

函数中的参数 1 使用相对引用，利用其特性将函数复制到其他区域可以实现公式的快速填充。参数 2 使用绝对引用，因 RANK 函数无论复制到哪里，排名的范围不应改变；由于该题中函数的复制产生在同一列上，只需将行号锁定，即使用混合引用，在行号前加"\$"符号。通常要求按降序排列的数据清单进行排名，因此参数 3 可以省略。

3. 常用函数的自动运算

AVERAGE 函数可以计算平均值。但是如果想快速获得所有人薪水的平均值而不必保留函数结果，可以采用以下方法：

首先选择运算的单元格区域，如 G4:G13，Excel 状态栏上的右侧已经显示了默认求平均值函数的结果为 4 124，右击状态栏的任意位置，弹出快捷菜单（见图 3-12）。

图 3-12　常用函数

此方法利用 Excel 的自动计算功能在工作表上进行快速的统计，结果显示在状态栏上（如果未显示，可选择"视图"｜"状态栏"命令）。当需要计数时，从弹出的快捷菜单中选择"计数"命令即可。

提示： 这种方法用于统计项比较少、单元格区域比较小，通常不用滚屏即可选定统计区域的情况，且运算结果不作保留。

实验三　设置工作表的格式

一、实验目的

掌握工作表格式化的常用方法。

二、实验内容

设置工作表格式主要包括：对工作表中的数据格式、字体、表格线、单元格格式和行高列宽等项的设置。

1. 自定义格式化

选定要格式化的单元格或单元格区域，选择"格式"｜"单元格格式"命令，在弹出的"单元格格式"对话框（见图 3–13）中进行设置。

（1）将标题"勤工助学收入一览表"设置为字号 20、隶书。选定 A1:G1 单元格区域，单击"格式"工具栏中的"合并及居中"按钮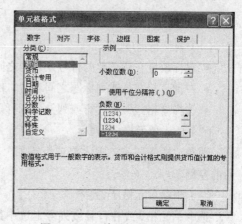实现合并居中，在该单元格内另起一行输入副标题"信息学院"；切换到"对齐"选项卡，设置标题在水平和垂直方向居中对齐。

提示：

① 如果需要重新设置合并区域，选择"格式"│"单元格"命令，弹出"单元格格式"对话框，切换到"对齐"选项卡，取消选择"合并单元格"复选框，重新设定合并区域。

图 3–13　"单元格格式"对话框

② 如果一个单元格的内容很多，超出了单元格宽度，同时又不想加宽表格，那么在需要换行的位置按【Alt+Enter】组合键即可实现换行显示。

（2）设置数值单元格格式。

选中 G4:G13 单元格区域，切换到"数字"选项卡，在"分类"列表框中选择"数值"选项，使用千分位分隔符，这里也可以指定"小数位数"。

货币符号的添加只需在"分类"列表框中选择"货币"选项，选取相应的货币符号。

（3）将整个表格的外边框设置为双线条，标题一行加灰色底纹。

提示： 在"单元格格式"对话框的"边框"和"图案"选项卡中实现。

2. 条件格式

用醒目的格式设置选定单元格区域中满足要求的数据单元格格式，如薪水值超过 4 000 的单元格数据用红色斜体突出。

（1）选定 G4:G13 单元格区域，选择"格式"│"条件格式"命令，在弹出的"条件格式"对话框中输入合适的条件。

（2）单击"格式"按钮，弹出"单元格格式"对话框，切换到"字体"、"图案"等选项卡中设置合适的格式，然后返回到数据清单中观察变化。

（3）单击图 3–14 中的"删除"按钮可以清除设置的条件格式。

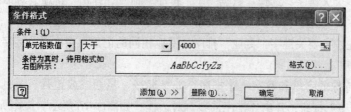

图 3–14　"条件格式"对话框

3. 自动套用格式化

选定要格式化的单元格区域，选择"格式"│"自动套用格式"命令，弹出"自动套用格式"对话框。从所提供的格式范例列表中选择一种自己所需的格式，单击"确定"按钮。

4．布局的调整

（1）调整行高/列宽

- 鼠标放置在待调整的行号或列号之间，此时光标变成双向箭头，按下左键调整即可。
- 左键直接在行或列标题之间双击，Excel 会自动调整至合适的行高/列宽。
- 选择"格式" ｜ "行或列"命令可以指定行高和列宽。

（2）插入单元格/行/列

选择"插入" ｜ "单元格或行或列"命令，默认插入的行在当前行之上，插入的列在当前列的左侧。

（3）删除单元格/行/列

选中单元格，或在行号或列号上选中欲删除的行或列并右击，在弹出的快捷菜单中选择"删除"命令。单元格的删除是将单元格内容和单元格格式一起删除，由右侧或下方单元格补其位置。

实验四　数据管理与分析

一、实验目的

1. 掌握数据清单的操作。
2. 掌握对 Excel 原始数据进行的常用分析处理。

二、实验内容

对图 3-8 中的数据清单进行如下操作。

1．排序

（1）按薪水的降序排列记录

① 单列数据排序

鼠标插入在排序标题或下面的任一数据单元格，单击常用工具栏中的 图 和 图 按钮可以实现只有一个排序关键字的升序或降序排列。

② 复杂数据排序

如果要设定多个关键字，选择"数据" ｜ "排序"命令，弹出"排序"对话框（见图 3-15），根据排序规则在主要关键字、次要关键字及第三关键字下拉列表框中进行选择。

例如，这里先按主要关键字"专业"排序，专业相同的记录再按次要关键字"薪水"排序。

③ 自定义排序

有时需要按特殊的字母和数字顺序排序，如星期一、星期二或正月、一月、二月等。单击图 3-15 中的"选项"按钮，弹出"排序选项"对话框，如图 3-16 所示。选择所需的自定义排序次序。如果需排序的序列没有出现在列表框中，则需要提前选择"工具" ｜ "选项"命令，弹出"选项"对话框，切换到"自定义序列"选项卡中进行添加。

图 3-15　"排序"对话框

图 3-16　"排序选项"对话框

2．筛选

筛选薪水值大于等于 3 000、小于等于 5 500 的记录，复制到新工作表中，命名为"筛选结果"。

（1）自动筛选

将光标置于选中数据清单中，选择"数据"｜"筛选"｜"自动筛选"命令。这时列标题的下方将显示一个下箭头按钮▼，单击该按钮，选择"自定义"命令，在弹出的"自定义自动筛选方式"对话框（见图 3-17）中设定条件，单击"确定"按钮后退出，回到图 3-18 中观察数据清单。此时，"薪水"列标题的下箭头▼按钮变成蓝色，提示此标题设定了筛选条件。

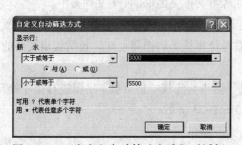
图 3-17　"自定义自动筛选方式"对话框

图 3-18　筛选结果

自动筛选可以同时对多个字段进行筛选，设定的多个条件为"与"关系。例如，想从图 3-18 所示的记录中再筛选出专业为"电信"的记录，需要单击"专业"列标题的下箭头按钮▼，选择"电信"。

选择"数据"｜"筛选"命令，关闭自动筛选功能，则全部记录重新显示在表格中。

（2）高级筛选

自动筛选不能筛选出不同字段中的条件"或"关系，此时只能使用高级筛选。使用高级筛选要保证在数据清单之外，至少要有 3 个能用作条件区域的空行，且数据清单必须有列标。

① 选择数据清单中相应的列标题，选择"复制"命令，将其"粘贴"到条件区域的第一行。在条件区域的第二行中输入要匹配的条件。

提示：条件放在同一行表示"与"关系（见图 3-19），筛选"专业"为电信，且"工作时数"为 140 的记录。条件不在同一行表示"或"关系（见图 3-20），筛选"专业"为电信，或"工作时数"为 160 的记录。

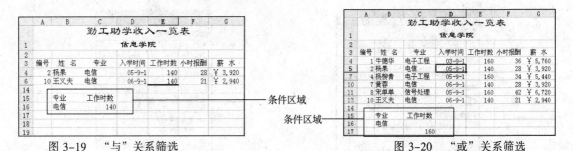

图 3-19　"与"关系筛选　　　　　　　　　图 3-20　"或"关系筛选

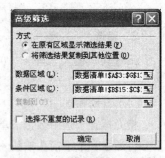

② 选择"数据"｜"高级筛选"命令，在弹出的"高级筛选"对话框（见图 3-21）中通过数据区域按钮获取数据区域和条件区域。默认在原有区域显示筛选结果，也可以将筛选复制到其他位置。

提示： 自动筛选一般用于条件简单的筛选操作，符合条件的记录显示在原来的数据表格中，操作简单。若要筛选的多个条件间是"或"关系，或者需要将筛选的结果放在新的位置显示，就只能用"高级筛选"了。

图 3-21　"高级筛选"对话框

3. 分类汇总

（1）新建一个 Excel 工作簿，将工作表"Sheet1"重命名为"分类汇总"，输入标题及相应的数据（见图 3-22），以 homework2.xls 为文件名保存在练习文件夹的 Excel 子文件夹中。

（2）将 Sheet2 工作表命名为"售货员销售业绩"，把"分类汇总"工作表中的数据清单复制到该工作表；按"售货员"标题进行分类汇总，查看每位售货员的销售业绩，包括售出商品的件数和商品总价值，结果放于该工作表中。

将光标置于数据清单中，选择"数据"｜"排序"命令，先按"售货员"字段进行排序处理，然后选择"数据"｜"分类汇总"命令，设置结果如图 3-23 所示。

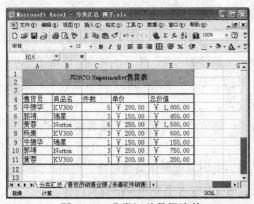

图 3-22　分类汇总数据清单

图 3-23　"分类汇总"对话框

提示： 此操作必须要先按"专业"进行排序，取值相同的记录排列在一起，然后再选择"数据"｜"分类汇总"命令。

在图 3-24 中使用分级显示功能可以查看分类汇总后工作表的明细，单击工作表左侧出现的数字符号按钮，选择"1"时显示的类别是 1 级总计的数据结果；选择"2"时显示的类别是 2 级各售货员汇总的数据结果。

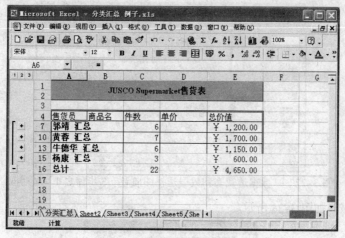

图 3-24　分类汇总 2 级结果

单击图 3-23 中的"全部删除"按钮可以清除分类汇总,对原来的数据清单没有影响。

(3)换一个角度进行分类汇总,汇总每件商品的销售业绩。

① 将 Sheet3 工作表命名为"杀毒软件销售业绩",把"分类汇总"工作表中的数据清单复制到该工作表。

② 按"商品名"字段进行排序。

③ 选择"数据"│"分类汇总"命令,如图 3-25 所示设置分类字段、汇总方式和选定汇总项,2 级汇总的结果如图 3-26 所示。

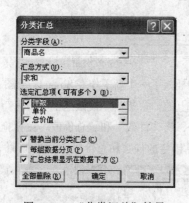

图 3-25　"分类汇总"结果

图 3-26　分类汇总 2 级结果

4.数据透视表

如果想在一张表上同时获得售货员和商品名的销售业绩,即得到上面两次分类汇总的结果,需要建立数据透视表。

设置"分类汇总"工作表为当前工作表,光标插入在数据清单中,选择"数据"│"数据透视表和图表报告"命令,按照向导一步步操作。

(1)选择待分析数据的数据源类型,如图 3-27 所示。

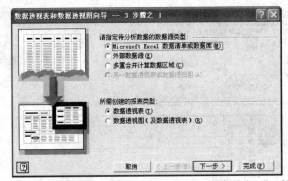

图 3-27　"数据透视表和数据透视图向导 -3 步骤之 1"对话框

（2）选定区域，如图 3-28 所示。

图 3-28　"数据透视表和数据透视图向导 -3 步骤之 2"对话框

（3）选定数据透视表所在的位置，如图 3-29 所示。

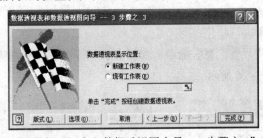

图 3-29　"数据透视表和数据透视图向导 -3 步骤之 3"对话框

单击图 3-29 中的"完成"按钮，此时在当前工作表之前插入了一个新工作表 Sheet1（见图 3-30），出现"数据透视表"工具栏后，将"数据透视表"工具栏上的"售货员"按钮拖至"请将行字段拖至此处"，将"商品名"按钮拖至"请将列字段拖至此处"，将"件数"和"总价值"按钮拖至"请将数据项拖至此处"，系统将自动统计出各售货员及各商品销售的件数和总价值（见图 3-31）。

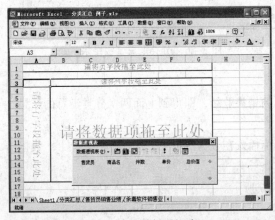

图 3-30　建立数据透视表

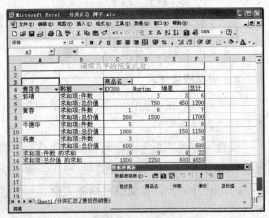

图 3-31　数据透视表结果

实验五　图　　表

一、实验目的

1. 掌握常用图表的建立方法。
2. 掌握修改图表的方法。

二、实验内容

1. 创建饼形图

（1）建立如图 3-32 所示的数据清单，G 列为各公司 4 个季度的销售总和，第 9 行为 4 个公司各季度的销售总和，保存该工作簿为 homework3.xls，要求以饼形图显示 4 个公司的销售总额（见图 3-33）。

（2）选择创建图表的数据区域，此例中为 G4:G7 单元格区域。

图 3-32　数据清单

（3）单击工具栏上的"图表向导"按钮，或选择"插入"｜"图表"命令，弹出如图 3-34 所示的"图表向导 - 4 步骤之 1 - 图表类型"对话框，选择"分离型三维饼图"。

图 3-33　饼形图显示

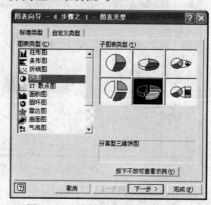

图 3-34　选择图表类型对话框

（4）单击"下一步"按钮，弹出"图表向导 - 4 步骤之 2 - 图表数据源"对话框（见图 3-35）。默认系列产生在"行"或"列"，可用数据区域按钮重新选择区域。此时发现预览区中的分类使用了数字 1、2、3、4，表示系统不明确分类标题。

切换到"系列"选项卡，此时"分类 X 轴标志"为空。单击数据区域按钮选取区域 B3:E3，预览区中 X 轴的分类标志更改为刚选定的字段名（见图 3-36）。

如果要增加或删除系列，单击"添加"或"删除"按钮操作。也可以通过"名称"和"值"后面的数据区域框修改区域。

（5）单击"下一步"按钮，弹出"图表向导 - 4 步骤之 3 - 图表选项"对话框。在该对话框中，输入图表标题、分类轴名称和数值轴名称等内容。切换到"数据标志"选项卡（见图 3-37），将数据标志设置为"显示百分比"。

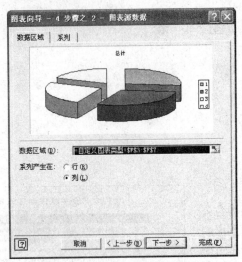

图 3-35　选择图表源数据对话框　　　　图 3-36　"源数据"对话框

（6）单击"下一步"按钮，弹出"图表向导－4步骤之4－图表位置"对话框（见图3-38）。在此可以选择新工作表或嵌入工作表。新工作表是创建一张独立的图表，嵌入工作表是将图表插入当前工作表之中。最后单击"完成"按钮，即可看到新创建的图表（见图3-33）。

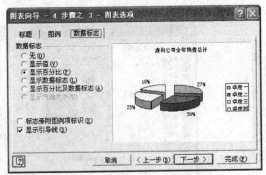
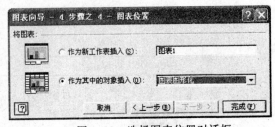

图 3-37　设置图表选项对话框　　　　　图 3-38　选择图表位置对话框

2. 创建柱形图

以柱形图显示各公司第一、三季度的销售额。

（1）选择创建图表的数据区域，此例为 A3:B7 和 D3:D7 单元格区域。

（2）在"图表向导－4步骤之1－图表类型"对话框中选择"簇状柱形图"，单击"下一步"按钮。

（3）在弹出的"图表向导－4步骤之2－图表数据源"对话框（见图3-39）中的预览区中显示的数据和图例正确，分别用蓝色和红色柱形图表示了季度一和季度二系列，单击"下一步"按钮。

（4）在"图表向导－4步骤之3－图表选项"对话框中，输入图表标题。切换到"数据表"选项卡，选择"显示数据表"复选框（见图3-40），即在分类轴下显示对应数据。

单击"完成"按钮在数据表中出现新创建的图表。

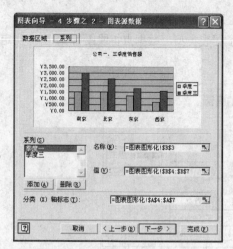

图 3-39　选择图表源数据对话框

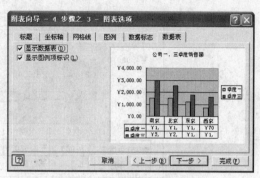

图 3-40　设置图表选项对话框

3．修饰图表

（1）选中图表对象，拖动对象上的控制块可以改变大小，拖动鼠标左键可以移动位置。

（2）一张图表上存在图 3-41 中所示的若干对象，右击对象，在弹出的快捷菜单中进行对象的格式设置。

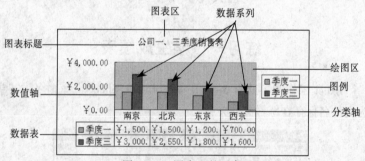

图 3-41　图表上的对象

对图表进行修饰后效果如图 3-42 所示。

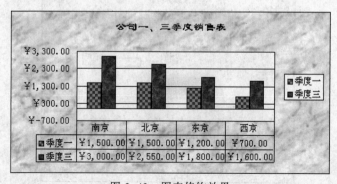

图 3-42　图表修饰效果

4．创建组合图表

将季度三的销售额以折线图表示。

右击图 3-43 所示的柱形图上的系列"季度三"，在弹出的快捷菜单中选择"图表类型"命令，在弹出的"图表类型"对话框中选择"折线图"中的子图表类型"数据点折线图"，单击"确定"按钮完成。

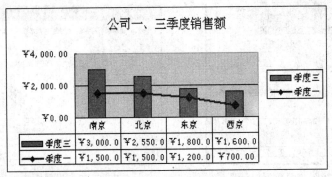

图 3-43　柱形和折线图组合

提示：并非所有的图形类型都能够用于创建组合图表。Excel 不允许将三维图表类型用于组合图表。

上 机 练 习

练习一　学生成绩表

（1）新建一个 Excel 工作簿（见图 3-44），将工作表"Sheet1"重命名为"学生成绩表"，以 homework3.xls 为文件名保存在练习文件夹中。

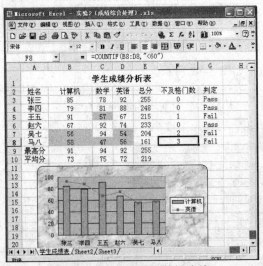

图 3-44　学生成绩表数据清单

（2）输入标题"学生成绩分析表"，在 A1:G1 单元格区域合并居中。

（3）学生成绩表中应该包含至少 5 名同学的三门成绩，并统计每个学生的平均分和总分。

（4）将不及格记录用灰色底纹突出显示。

（5）按照学生总分由高到低进行排序。

（6）统计学生成绩表中每门课程的最高分、平均分；统计每位同学的不及格门数。

（7）如果记录的不及格门数为 0，则在“判定”一列中填入“Pass”，否则填入“Fail”。

（8）“计算机”和“英语”成绩分别用柱形和折线同时显示在图表中。

练习二　工资统计表

如图 3-45 所示是某单位的工资统计表，要求如下：

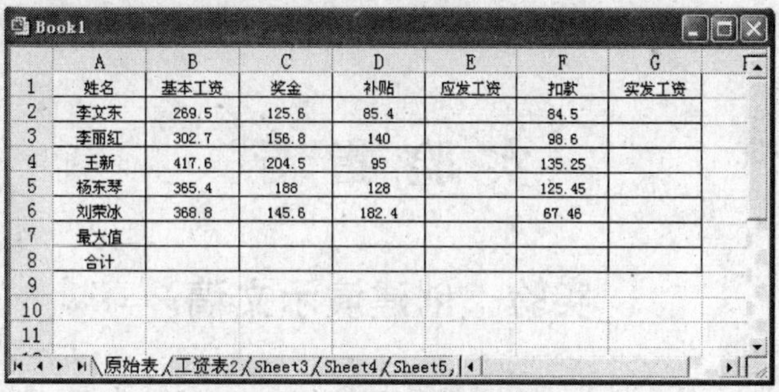

	A	B	C	D	E	F	G
1	姓名	基本工资	奖金	补贴	应发工资	扣款	实发工资
2	李文东	269.5	125.6	85.4		84.5	
3	李丽红	302.7	156.8	140		98.6	
4	王新	417.6	204.5	95		135.25	
5	杨东琴	365.4	188	128		125.45	
6	刘荣冰	368.8	145.6	182.4		67.46	
7	最大值						
8	合计						
9							
10							
11							

图 3-45　工资统计表数据清单

（1）在“原始表”中使用公式分别求出每位职工的应发工资（基本工资+奖金+补贴）和实发工资（应发工资-扣款），并求出每列的最大值与合计值（合计值不包含最大值），要求保留两位小数。

（2）要求新建工作表，将“原始表”中的内容复制过来，并在“应发工资”列左边增加一列“补发工资”，要求格式为保留两位小数的数值；将该工作表重命名为“工资表 2”。

（3）在工作表“工资表 2”中，利用表达式功能，分别求出每位职工的补发工资（基本工资*15%），并调整应发工资（基本工资+奖金+补贴+补发工资）、实发工资及最大值与合计值。

（4）要求新建工作表，命名为“工资表筛选”，将所有职工的工资情况利用“筛选”方法，筛选所有奖金超过 150 元（含 150 元）、且扣款低于 100 元（含 100 元）的职工，筛选后的数据放在“工资表筛选”中。

（5）用“原始表”中的数据在新工作表中建立柱形图，要求系列产生在列，不包含“最大值”与“合计”，标题为“职工工资图表”；将该工作表重命名为“工资图表”。

第 **4** 章 幻灯片制作软件 PowerPoint 2003

实 验 指 导

实验 创建演示文稿

一、实验目的

1. 掌握演示文稿的建立。
2. 熟练掌握在幻灯片中插入各种对象。
3. 掌握动画设置、幻灯片切换。
4. 掌握调整设计模板的方法。
5. 掌握改变幻灯片的配色方案。
6. 掌握为幻灯片添加切换和动画。
7. 掌握建立演示文稿的超链接。

二、实验内容

假设你是一位中文系的学生，以介绍你喜欢的诗词人为主题制作演示文稿，要求至少包含 5 张幻灯片，幻灯片中包含图片、声音和超链接，设置相应的动画，背景要符合主题。排版效果如图 4-1 所示。

演示文稿的制作，一般要经过下面几个步骤。

（1）准备素材：主要是准备演示文稿中所需要的一些图片、声音、动画等文件。

（2）确定方案：对演示文稿的整个构架进行设计，根据主题确定文件的风格，包含幻灯片的张数，每一张的布局等。

图 4-1 效果图

（3）初步制作：将文本、图片等对象输入或插入到相应的幻灯片中。

（4）装饰处理：设置幻灯片中相关对象的要素（包括字体、大小、动画等），对幻灯片进行装饰处理。

（5）预演播放：设置播放过程中的一些要素，然后播放查看效果，满意后演示播放。

针对实验要求确定需要 5 张幻灯片，其中第 1 张套用"标题幻灯片"版式，第 2～4 张套用"标题与文本"版式，第 5 张套用"空白"版式。

1. 建立演示文稿

（1）创建标题幻灯片

选择"文件"｜"新建"命令，打开"新建演示文稿"任务窗格（见图 4-2）。单击"空演示文稿"超链接，系统会自动新建一张空白演示文稿，并采用"标题幻灯片"版式（见图 4-3）。

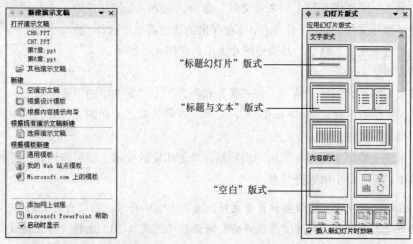

图 4-2 "新建演示文稿"任务窗格　　　　　图 4-3 "幻灯片版式"任务窗格

在"标题幻灯片"版式下的标题和副标题占位符中输入相应内容（见图 4-4），将文件以"myppt.ppt"（文件类型为演示文稿）为名保存在练习文件夹的 PPT 子文件夹下。

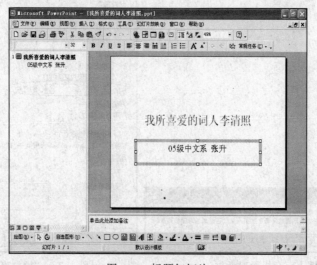

图 4-4 标题幻灯片

提示：要在幻灯片非占位符区域输入文字，可以选择"插入"｜"文本框"｜"水平或垂直"命令，然后鼠标在指定区域单击便可加入一个文本占位符。

（2）插入新幻灯片

- 在大纲视图的结尾按【Enter】键。
- 选择"插入"｜"新幻灯片"命令或单击常用工具栏中的"新幻灯片"按钮。

提示：初学者容易使用"新建"命令插入当前演示文稿中的其他幻灯片，这是错误的，因为这样新建的是独立的另一个演示文稿。

2．插入各种对象

（1）插入图片

图 4-5　调整图片位置

选择"插入"｜"图片"｜"来自文件"命令，在第一张幻灯片中插入一幅外部图片文件，选中图片并右击，在弹出的快捷菜单中选择"叠放次序"｜"置于底层"命令，并调整图片大小，如图 4-5 所示。

（2）插入声音文件

选中首页幻灯片，选择"插入"｜"影片和声音"｜"文件中的声音"命令，弹出"插入声音"对话框，定位到声音文件（*.mid、*.wav、*.mp3 等格式）所在的文件夹，选中相应的声音文件，单击"确定"按钮返回。

此时，系统会弹出如图 4-6 所示的提示框，单击相应的按钮，即可将声音文件插入到幻灯片中（幻灯片中出现一个小喇叭符号）。

提示：在幻灯片中设置连续播放声音文件：选中小喇叭符号，在"自定义动画"任务窗格中，双击相应的声音文件对象，打开"播放声音"对话框（见图 4-7），选择"停止播放"选项组下面的"在 X 幻灯片"单选按钮，并根据需要设置好其中的"X"值，单击"确定"按钮返回即可。

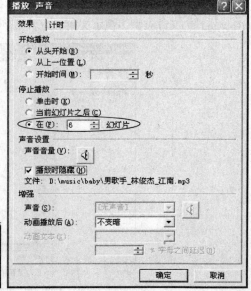

图 4-6　插入声音提示对话框　　　　图 4-7　"播放声音"对话框

3. 编辑幻灯片

对幻灯片进行删除、复制、移动等操作时一般都在幻灯片浏览视图中进行。

- 删除：对于选中的幻灯片按【Delete】键，即可删除该幻灯片。
- 复制：选择要复制的幻灯片，单击"复制"按钮，鼠标定位到要粘贴的位置，单击"粘贴"按钮。
- 移动：幻灯片移动可以利用"剪切"和"粘贴"命令改变幻灯片的排列顺序，或者选中幻灯片后直接拖动到目标位置。

4. 创建超链接

设置第 2 张幻灯片为该演示文稿的目录，添加超链接（见图 4-1）。

幻灯片一般是按顺序播放的，但可利用超链接功能来实现在不同幻灯片间跳转。例如，可以为要讲述内容的标题设置一个主页目录，每一个标题设置一个超链接，而在每一页中再设置一个返回主页目录的超链接。

右击选中的第 2 张幻灯片中的导航文字"我所喜欢的代表作品"，在弹出的快捷菜单中选择"超链接"命令，在弹出的"插入超链接"对话框（见图 4-8）中单击"本文档中的位置"按钮，根据标题选择第 3 张幻灯片，单击"确定"按钮后完成超链接设置。对导航文字"词人作品风格之我见"进行类似的设置。

图 4-8 "插入超链接"对话框

为了避免观众"迷路"，每一幻灯片都应设有到主页目录的交互。选中第 3 张幻灯片，选择"幻灯片放映"｜"动作按钮"命令，在弹出的面板中选择一个按钮（如 ◁ ），然后在幻灯片中按住鼠标左键拖动一个适当大小的图形，在弹出的"动作设置"对话框中切换到"单击鼠标"选项卡，设置要链接到的第 2 张标题目录幻灯片，即可完成页面到主页目录的交互设置。

提示：为了保持风格的统一，可复制这个动作按钮图形、然后在其他幻灯片中粘贴。

5. 设置动画效果

（1）添加动画效果

为幻灯片添加动画效果可以起到画龙点睛的效果。选中需要设置动画的对象，选择"幻灯片放映"｜"自定义动画"命令，打开"自定义动画片"任务窗格。

光标放置在第 1 张幻灯片的"标题"占位符中，单击"添加效果"右侧的下拉按钮，在随后出现的下拉列表中，展开"进入"下面的级联菜单，选择其中的"棋盘"动画方案，如图4-9所示。此时，在幻灯片工作区中，可以预览动画的效果。

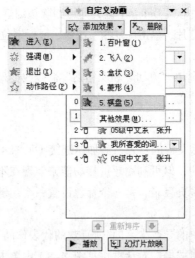

图4-9　"自定义动画"任务窗格

提示：如果希望某个对象在演示过程中退出幻灯片，可以选中需要设置动画的对象，参照上面"进入"动画效果的设置操作，通过设置"退出"动画效果来实现。

（2）自定义动画路径

如果对系统内置的动画路径不满意，可以自定义动画路径。

① 选中需要设置动画的对象（如"标题"），单击"添加效果"按钮右侧的下拉按钮，依次展开"动作路径"｜"绘制自定义路径"下面的级联菜单，选择其中的某个选项（如"曲线"）。

② 此时鼠标变成细十字线状，根据需要在工作区中描绘，在需要变换方向的地方单击，如图4-10所示。

③ 全部路径描绘完成后双击鼠标即可。设置后预览动画效果，该对象将按照绘制的路径运动。

6. 设置幻灯片切换方式

选择"幻灯片放映"｜"幻灯片切换"命令，打开"幻灯片切换"任务窗格（见图4-11），然后在任务窗格中为当前幻灯片选择一种幻灯片切换样式（如"随机"）即可。

图4-10　自定义动画路径

图4-11　"幻灯片切换"任务窗格

提示：如果需要将所选中的切换样式用于所有的幻灯片，选中样式后，单击下方的"应用于所有幻灯片"按钮即可。

7. 改变幻灯片外观

（1）模板

模板是指一个演示文稿整体上的外观设计方案，它包含预定义的文字格式、颜色及幻灯片背景图案等。

单击"新建演示文稿"任务窗格（见图 4-2）中的"通用模板"超链接，弹出"模板"对话框，如图 4-12 所示，切换到"设计模板"或"演示文稿"选项卡，选择某一模板文件（.pot 为模板文件的扩展名）后单击"确定"按钮，稍等片刻后，演示文稿将以新的风格出现。

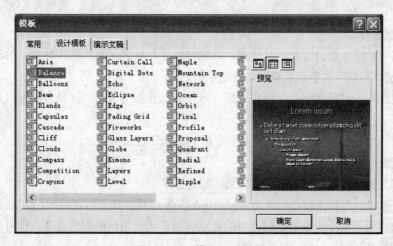

图 4-12　"模板"对话框

（2）母版

母版是一种特殊的幻灯片，包含了幻灯片文本和页脚（如日期、时间和幻灯片编号）等占位符，这些占位符控制了幻灯片的字体、字号、颜色（包括背景色）、阴影和项目符号样式等版式要素。母版通常包括幻灯片母版、标题母版、讲义母版和备注母版 4 种形式。下面介绍"幻灯片母版"和"标题母版"两个主要母版的建立和使用。

例如，要求更改幻灯片母版，将标题样式设置为倾斜，并在母版的右上角插入外部图片文件"海洋大学校徽"；插入当前日期和幻灯片编号，页脚处添加"海大出品"。

① 修改幻灯片母版

选择"视图|母版|幻灯片母版"命令，进入"幻灯片母版视图"状态，如图 4-13 所示。

a. 右击"单击此处编辑母版标题样式"字符，在弹出的快捷菜单中选择"字体"命令，在弹出的对话框中设置标题样式为倾斜。

b. 选择"插入"|"图片"|"来自文件"命令，选择图片"海大徽标"将其插入到母版中，并定位到合适的位置上。单击 PowerPoint 窗口左下角的"幻灯片浏览视图"按钮，这时除了标题幻灯片之外，所有幻灯片上都出现了该图片。

c. 选择"视图"|"页眉页脚"命令，弹出"页眉和页脚"对话框，如图 4-14 所示，在该对话框中进行相关的设置。

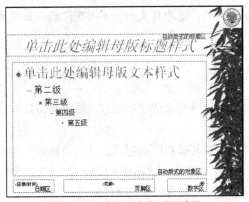

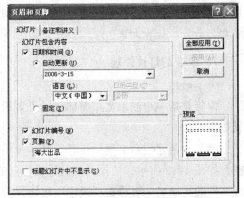

图 4-13 编辑"幻灯片母版"　　　　　　　　图 4-14 "页眉和页脚"对话框

② 修改标题母版

演示文稿中的第 1 张幻灯片通常使用"标题幻灯片"版式，为这张相对独立的幻灯片建立一个"标题母版"，用以突出显示出演示文稿的标题。

选择"视图"｜"母版"｜"标题母版"命令，操作如上所述。这里为标题幻灯片也插入同样的图片。

全部修改完成后，单击"母版"工具栏上的"关闭"按钮退出。

（3）指定配色方案

这里要求为所有幻灯片指定淡黄色背景的配色方案。

在"幻灯片设计"任务窗格中单击"配色方案"超链接，展开内置的配色方案（见图 4-15）。

选中一组应用了某个母版的幻灯片中的任意一张，单击相应的配色方案，即可将该配色方案应用于此组幻灯片。

提示：如果对内置的某种配色方案不满意，可以对其进行修改。选中相应的配色方案，单击任务窗格下端的"编辑配色方案"超链接，弹出"编辑配色方案"对话框（见图 4-16）重新编辑。如选择"背景"配色方案颜色，单击"更改颜色"按钮，在"背景颜色"对话框中选择合适的颜色。

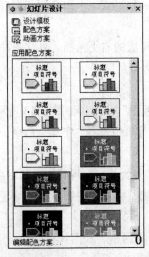

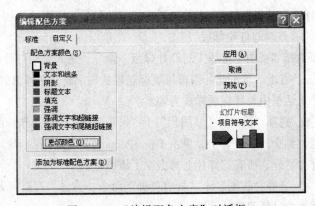

图 4-15 "幻灯片设计"任务窗格　　　　　　图 4-16 "编辑配色方案"对话框

（4）设置背景

将第 1 张幻灯片的背景预设颜色为"雨后初晴"。

选择"格式"｜"背景"命令，单击下拉按钮，在列表框中选择"填充效果"（见图 4-17），在弹出的"填充效果"对话框中（见图 4-18）更改幻灯片背景。

图 4-17　"背景"对话框

图 4-18　"填充效果"对话框

上 机 练 习

练习一　唐 诗 鉴 赏

静夜思	草	寻隐者不遇
李白	白居易	贾岛
床前明月光，	离离原上草，	松下问童子，
疑是地上霜。	一岁一枯荣。	言师采药去。
举头望明月，	野火烧不尽，	只在此山中，
低头思故乡。	春风吹又生。	云深不知处。

按以上内容做一个至少包含 4 张幻灯片的演示文稿，具体要求如下：

（1）以"唐诗三首"为标题，第 1 张幻灯片作为封面，只放 3 首诗的标题。

（2）三首诗的内容分别位于 3 张幻灯片上，并通过第 1 张幻灯片上各自的标题超链接到其上。

（3）在三张存放唐诗内容的幻灯片上添加动作按钮，使其返回到封面。

（4）演示文稿使用某一模板。

（5）使每张幻灯片的背景色各不相同。

（6）根据自己的喜好，进一步为演示文稿增添效果，如预设动画、幻灯片切换、增加图文效果等。

练习二　自　选　主　题

　　建立一个演示文稿，自选主题，可以是新产品的发布、母亲节的献礼、我的故乡等，具体要求如下：

　　（1）要求至少包含4张幻灯片，内容与主题吻合。

　　（2）除第1张和最后1张幻灯片外，每张幻灯片上均含有文字、图片，且第2张幻灯片含有艺术字。

　　（3）幻灯片上的对象具有动画设置。

　　（4）最后一张幻灯片上插入动作按钮，单击该按钮，可跳转到第2张幻灯片继续播放。

第 **5** 章　网络应用基础

实 验 指 导

实验一　使用 Internet Explorer

一、实验目的

1. 掌握浏览器 Internet Explorer（IE）的基本使用方法。
2. 掌握如何使用搜索引擎。
3. 掌握从 WWW 主页下载文件的方法。
4. 掌握从 FTP 服务器下载文件的方法。

二、实验内容

（1）在 IE 浏览器地址栏中直接输入网页的地址，如 http://www.ouc.edu.cn 并按【Enter】键，就会打开中国海洋大学的主页，如图 5-1 所示。

图 5-1　中国海洋大学主页

（2）在 URL 地址栏中输入地址时，可以利用 IE 的部分输入匹配功能，只要输入常用地址的某些关键字，IE 就可以自动将地址补全。例如，在输入 http://www.ouc.edu.cn 时，可以只输入"ouc"这个关键字，就可以找到中国海洋大学的网址。

（3）使用 IE 的工具栏可以方便地返回已经打开过的主页。单击"后退"按钮，可以返回上一个主页；单击"后退"按钮右侧的下箭头，在弹出的下拉菜单中选择主页地址，可以返回该主页。

（4）单击工具栏中的"搜索"按钮，在窗口左侧会显示"搜索"窗格，如图 5-2 所示进入网易主页，其中提供了新闻、网页、网站、图片等几种搜索。

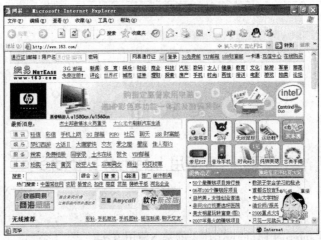

图 5-2　网易主页

在"搜索"文本框中输入要查找的关键字，从"搜索引擎"列表中选择要搜索的对象，然后单击"搜索"按钮。如输入"三国演义"，选择"图片"，单击"搜索"按钮，即可搜索到与三国演义相关的图片。右击要保存的图片，在弹出的快捷菜单中选择"图片另存为"命令，即可将图片下载到本地计算机中。

（5）WWW 主页下载文件：启动 IE，在地址栏内输入硅谷动力网站的地址：http://www.enet.com.cn，进入其主页，如图 5-3 所示。

图 5-3　硅谷动力网站

（6）如果知道要下载软件的名称，可在 Google 搜索引擎主页（见图 5-4（a））的"搜索"文本框内直接输入软件的名称。现在要下载的是压缩工具 WinZip，因此在"搜索"文本框内直接输入"WinZip"，然后单击"搜索"按钮，进入如图 5-4（b）所示页面。

（a）Google 搜索引擎主页　　　　　　　　　　　　　　（b）搜索结果

图 5-4　使用 Google 搜索 WinZip

在图 5-4（b）所示的页面中，单击第 2 个超链接。在打开的页面中右击"本地下载"超链接，如图 5-5 所示。使用 FlashGet 等下载软件，即可完成。

图 5-5　本地下载图

在图 5-6 所示页面中选择"另存到"的路径和一些条件选项，单击"确定"按钮后，将出现一个下载文件的界面（见图 5-7），开始下载文件，下载文件时屏幕上出现一个进度窗口。

图 5-6　准备下载

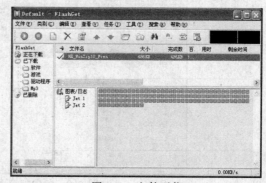

图 5-7　文件下载

（7）从 FTP 文件服务器下载文件：采用这种方式下载文件，需要先登录到指定的 FTP 服务器。如进入中国海洋大学 FTP 服务器输入：ftp://ftp.ouc.edu.cn，进入 FTP 服务器。右击要下载的文件，在弹出的快捷菜单中选择"复制到文件夹"命令，指定文件存放目录，即可下载文件。

实验二　申请电子邮箱

一、实验目的

 1. 掌握如何上网申请免费电子信箱。

 2. 掌握如何使用电子信箱。

二、实验内容

（1）在新浪网、网易或亿邮网上申请一个免费电子邮箱账号。

（2）启动 IE，在地址栏内输入 http://www.eyou.com，进入亿邮网，显示的页面如图 5-8 所示。

图 5-8　亿邮网主页面

 单击"注册免费"超链接，按提示进行注册，注册成功后就可以收发电子邮件了。

（3）发送电子邮件。进入亿邮网，登录申请的免费账号，进入免费邮箱页面，如图 5-9 所示。

图 5-9　免费邮箱页面

（4）输入信的内容、收件人的电子信箱地址，最后单击"发送"按钮。如果是图片或者是其他文件，单击"附件"按钮，浏览找到要发送的文件或图片，然后发送邮件即可。

（5）打开收件箱，进行邮件的接收。如果接收的邮件带有附件，应双击，并按提示保存到指定位置，或直接打开进行浏览。

（6）删除电子邮件。邮箱的容量是有限的，邮件要随时清理，选中邮件，单击"删除选中"按钮，如图 5-10 所示。

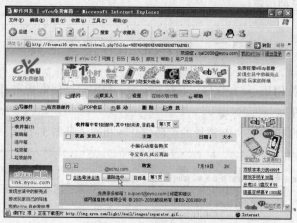

图 5-10 删除电子邮件

上 机 练 习

练习一 搜索与下载

（1）启动 IE 浏览器，进入百度主页：http://www.baidu.com 搜索下载工具网际快车 FlashGet 和网络蚂蚁，下载并学会使用它们。

（2）利用网上搜索工具搜索有关多媒体的应用及常用的制作工具。

（3）启动 IE 浏览器，进入中国海洋大学主页，FTP 地址：ftp://ftp.ouc.edu.cn，下载两首 MP3 歌曲。

（4）将下载的 MP3 格式的声音文件，利用相关软件转换为 WAV 格式。

（5）下载一个 QQ 软件，安装 QQ 软件，申请 QQ 号码，利用 QQ 和同学进行网上文字聊天、语音聊天，传输视频信息，传输文件。

（6）在网上查询有关"黑客"对计算机造成危害的事例，并进行以下操作：

① 保存当前网页。

② 保存网页中的图片。

③ 保存网页中的文本信息。

（7）从网上了解近期出现的最新型病毒的名称、表现形式、针对对象及杀毒方法，并针对这些病毒为自己的计算机系统安装相应的补丁。

练习二　申请免费电子邮箱

（1）登录网易、新浪网或亿邮网申请一个免费电子邮箱。

（2）申请成功后，自己给自己发一封信件。

（3）同学之间互相发送信件。

（4）学会整理自己的信箱。

练习三　FTPSearch 搜索工具

利用搜索引擎搜索 FTPSearch 软件，下载并安装，利用它可搜索指定 IP 地址范围内的 FTP 服务器地址及相应的软件。

（1）输入要搜索的 IP 范围，IP 地址的前两位必须相同（见图 5-11）。

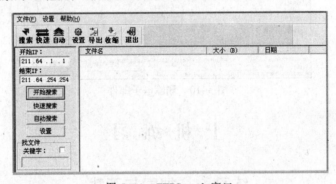

图 5-11　FTPSearch 窗口

搜索结果显示在右侧列表中，右击显示列表中的任一项，在弹出的快捷菜单中选择"导出结果"命令，软件将自动保存最近输出的 IP 范围，选择其中一条，可直接访问该 FTP 网站。

若选择"关键字"复选框并输入关键字，则可按关键字进行高级搜索。

（2）使用 FTPSearch 还可以搜索要查找的软件。

第 **6** 章 | 网页制作软件 Dreamweaver

实 验 指 导

实验一　创 建 站 点

一、实验目的

1. 掌握关于站点定义的基本信息。
2. 掌握站点新建的办法。

二、实验内容

要建立和修改网页，首先要建立站点，而创建本地站点是创建站点的首要步骤，只有创建了本地站点，才能正确地建立和修改网页，才能实现网页的快速浏览，创建本地站点的方法如下：

（1）选择"站点"｜"管理站点"命令，弹出"管理站点"对话框，如图 6-1 所示。

（2）选择"新建"按钮，出现如图 6-2 所示的界面。在右栏中分别输入站点的名称、本地存放文件的路径等信息。图中 F:\webpage 被设置为本地路径，并且把本地站点命名为 webpage。

图 6-1　"管理站点"对话框

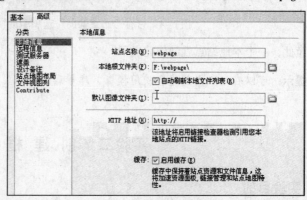

图 6-2　设置站点信息

（3）在窗口左栏中选择"远程信息"选项，接着在右栏中输入申请空间时得到的远程 FTP 站点传输类型（一般为 FTP）、远程服务器存放文件路径、主机地址、用户名和口令等信息。同时还要根据站点的传输模式选择是否采用"使用 passive FTP"选项，这是因为部分 FTP 站点采用被动工作模式，对于这部分站点就要选择该选项，如图 6-3 所示。

图 6-3　设置站点的远程信息

提示：如果站点设置在远程服务器上，那么在将所有信息输入完成后，可以单击"测试"按钮查看是否能够顺利登录到远程 FTP 服务器。

（4）单击"站点定义"对话框中的"确定"按钮，再单击"管理站点"对话框中的"完成"按钮，则 Dreamweaver 8 将自动出现"站点辅助"选项卡，在默认情况下，左边窗口显示的是站点正在打开编辑的文件，右边窗口则是站点内文件的目录结构，如图 6-4 所示。

图 6-4　带有"站点辅助"选项卡的网页设计界面

至此，一个本地站点就制作完成了。

提示：可以在站点内创建和使用模板、库等站点对象，并且可以进行站内的链接检查和同步更新。

实验二　创 建 框 架

一、实验目的

1. 掌握框架的基本概念。
2. 掌握框架集和框架间的区别。

3. 学会如何保存框架文件。

4. 掌握对框架边框的设置方法。

5. 掌握对框架的设置方法。

二、实验内容

制作如图 6-5 所示的框架效果。

（1）在 Dreamweaver 8 中新建一个网页，选择"文件"｜"新建"命令，弹出"新建文档"对话框，切换到"常规"选项卡，在"类别"列表框中选择"框架集"选项，如图 6-6 所示。

图 6-5　带有框架的网页

图 6-6　"新建文档"对话框

（2）选择要建立的一种框架集样式，如选择"上方固定"，单击"创建"按钮，出现如图 6-7 所示的框架。

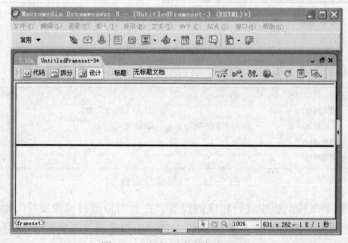

图 6-7　上方固定的框架网页

（3）选择"文件"｜"保存全部"命令把与此框架相关的所有文件进行保存。

提示：

① 此实例中相关的文件有三个，即包含有框架上下两部分的全体文件，把它命名为 2.htm；框架的上半部分，把它命名为 top.htm；框架的下半部分，命名为 bottom.htm。

　　② 框架文件形成后，可以选择"修改"｜"框架集"｜"拆分"命令把框架文件进一步拆分。

　　③ 当窗口分割为几个框架之后，每个框架都可以作为独立的网页进行编辑，也可以直接把某个已经存在的网页赋给一个框架。

　　④ 网页中经常混有框架和框架集，选取不同对象可以进行不同的属性设置。例如编辑框架集的属性。

　　（4）选择"窗口"｜"框架"命令见图 6-8 所示打开框架浮动面板，如图 6-9 所示。

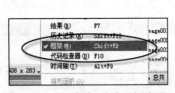

图 6-8　设置框架浮动面板出现

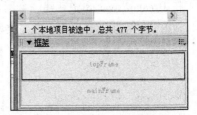

图 6-9　框架浮动面板

　　（5）如图 6-10（a）所示，单击框架集的外框，选中框架集，即可打开"框架集属性"面板，如图 6-10（b），其中"边框"一项可以设定是否显示边框，"边框宽度"一项可以设定边框宽度，"边框颜色"可以设定边框的颜色。另外还可以设置每个边框的尺寸，此时在选项卡右边的缩略图中选定一行或者一列，然后在它旁边的"值"文本框中输入数值，并且选择像素或者百分比作为单位即可。

（a）选中框架集　　　　　　　　　　　　　　　　（b）框架集属性面板

图 6-10　设置框架集

　　（6）选择不同的框架会出现相应的框架属性面板，如图 6-11 所示。

图 6-11　框架属性面板

　　这时就可以在框架属性面板中进行相应的设置。在此可以通过"源文件"地址栏设置框架中的网页文件，"滚动"为是否加入滚动条，"边框"可以决定是否显示边框，"不能调整大小"允许在浏览器时改变框架大小，另外"边框宽度"和"边框高度"分别设置边界的宽度和高度来决定框架中内容和边框的距离。

　　（7）输入框架中的内容。单击任意一个框架之后就可以像正常编辑网页一样插入各种文本内容、图片、Flash 动画和背景音乐等网页元素。按【F12】键进行预览，如图 6-12 所示。

图 6-12 编辑框架网页

提示：其实利用框架能够对网页布局进行合理规划，尤其在设计网页初期显得格外重要，因此需要大家在日常使用中多进行练习，这对搭建一个优秀的网站大有裨益。

实验三 表格布局

一、实验目的

1. 掌握用表格进行网页布局的方法。
2. 掌握表格的对齐属性设置。

二、实验内容

实验效果如图 6-13 所示。

（1）打开 Dreamweaver，选择"文件" | "新建"命令，创建空白网页。

（2）插入表格，选择"插入" | "表格"命令，弹出"表格"对话框，进行如下设定，其中"边框粗细"被设置为 0，如图 6-14 所示。

图 6-13 用表格进行布局的网页

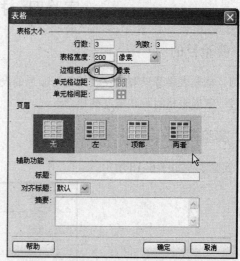

图 6-14 "表格"对话框

（3）网页中出现一个 3×3 的表格，用鼠标把表格拖动到适当大小，如图 6-15 所示。

（4）合并第一行的三列单元格。选中第一行并右击，在弹出的快捷菜单中选择"表格"｜"合并单元格"命令，如图 6-16 所示。并将第二行和第三行的第一列合并，将第二行和第三行的第二列合并。

图 6-15　一个 3×3 的表格

图 6-16　合并单元格

（5）选中每一单元格，为其设置背景及水平和垂直的对齐属性，如图 6-17 所示；在各单元格内插入网页内容，并在第二行第三列中插入图片。

图 6-17　在表格属性面板中设置水平和垂直对齐属性

（6）按【F12】键就可以得到如图 6-13 所示的效果，即图像和文件能自然地融合在一个网页中。

（7）选择"文件"｜"保存"命令把网页以 3.htm 为名称保存在 webpage 文件夹中。

提示：除了直接采用插入表格的方式进行页面布局外，还可以在 Dreamweaver 中打开布局视图，在布局视图中直接画出页面布局，并插入内容。有兴趣的读者请进一步实验布局视图的用法。

这种网页布局可以使图片和文字自然融合在一起，另外也可以使用图文混排的办法达到同样效果，请读者尝试。

实验四　打造细线表格

一、实验目的

1. 掌握表格背景颜色及表格每行颜色的设置办法。
2. 掌握表格间距和填充的概念。

二、实验内容

实验效果如图 6-18 所示。

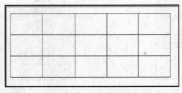

图 6-18　细线表格

（1）在网页内插入一个 3 行 5 列的表格（见图 6-19）。单击"确定"按钮，出现如图 6-20 所示的网页。

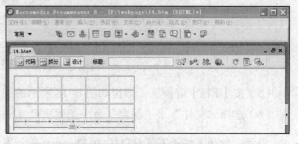

图 6-19　插入表格　　　　　　　　　　　图 6-20　带有表格的网页

（2）单击表格外框，选中表格并打开表格属性面板，设置表格的背景颜色为#0000FF，边框为 0，间距为 1，如图 6-21 所示。

图 6-21　设置表格背景颜色

（3）选择表格的第一行，设置背景色为#FFFFFF（即白色），如图 6-22 所示。

图 6-22　设置表格行的背景色

提示：图中表格的第一行的背景颜色已经被设置为#FFFFFF，而通过前面的第二步把整个表格的背景颜色设置成了#0000FF，并且单元格间距也设置成了 1 个像素，这样表格的背景颜色透过 1 个像素的单元格间距而显示出来，由此形成了宽度为 1 个像素的边线。

（4）依次把表格的所有行的背景颜色都设置成#FFFFFF（即白色），那么一个边框宽度为 1 个像素的表格就形成了，并且边框的颜色是#0000FF，如图 6-23 所示。

图 6-23　表格背景色及表格行背景色都设置完毕后的网页

（5）按【F12】键预览，即得如图 6-18 所示的细线表格。

（6）选择"文件"｜"保存"命令把网页以 4.htm 为名称保存在 webpage 文件夹中。

提示：细线表格并不是 HTML 和 Dreamweaver 本身提供的，利用对颜色、背景、透视、单元格间距等的综合设置，而得到了美观的细线表格。因此网页的设计更需要发挥设计者的想象力和创造力。

实验五　热区链接

一、实验目的

1. 掌握热区的概念。

2. 掌握对一个图片可建立多个链接的办法。

二、实验内容

本例主要介绍图像热区的设置和使用方法，实验效果如图 6-24 所示。

网页中有一幅世界地图，用鼠标单击不同的大洲时，会链接到相应大洲的网址。

（1）选择"文件"｜"新建"命令，建立空白的网页，插入一幅世界地图的图像，如图 6-25 所示。

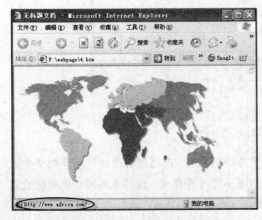

图 6-24　带有多个热区链接的网页

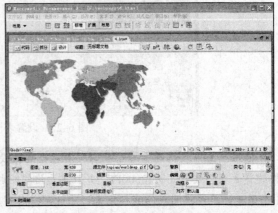

图 6-25　插入图片

（2）在属性面板中设置图片为"map"，如图 6-26 所示。

图 6-26　设置图片名称

（3）单击属性面板选择多边形热点工具 ，在世界地图上按照大洲的轮廓进行边沿选点构成热区，如图 6-27 所示。并在属性面板中为每个热区设置超链接，如图 6-28 所示。

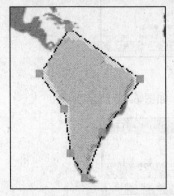

图 6-27　用多边形热点工具勾勒图像边沿 　　　　　　　　　图 6-28　为热区设置超链接

提示：把世界地图上的各大洲依次用多边形热点工具选出以构成热区，并在属性面板的链接框中输入相应的网站链接，这样一个图片上便有多个链接，便得如图 6-24 所示的效果。

实验六　用模板制作网页

一、实验目的

1. 掌握模板的概念和用途。
2. 掌握模板中可编辑区域的创建办法。
3. 掌握如何使用模板制作布局风格一致的网页。

二、实验内容

通常在一个网站中会有几十甚至几百个风格基本相似的网页，如果每次都重新设定网页结构以及相同栏目下的导航条、各类图标就显得非常麻烦，可以借助 Dreamweaver 8 的模板功能简化操作。其实模板的功能就是把网页布局和内容分离，在布局设计好之后将其存储为模板，这样相同布局的网页可以通过模板创建，因此能够极大地提高工作效率。

制作模板和制作一个普通的网页完全相同，只是不需要把网页的所有部分都制作完成，仅仅需要制作出导航条、标题栏等各个网页的公有部分，而把中间区域用网页的具体内容来填充。

（1）先在 Dreamweaver 8 中选择"文件"｜"新建"命令，弹出"新建文档"对话框，如图 6-29 所示，依次选择"模板页"｜"HTML 模板"选项，单击"创建"按钮之后即可创建一个模板文件。

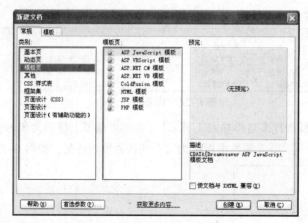

图 6-29 以模板形式新建网页

（2）在网页设计视图下插入导航条这一网页的共有元素，如图 6-30 所示。

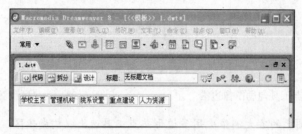

图 6-30 插入导航条

（3）选择"插入"｜"模板对象"｜"可编辑区域"命令，在网页上插入可编辑区域，如图 6-31 所示。并且通过选择"文件"｜"保存"命令把此文件保存为模板文件，如图 6-32 所示。

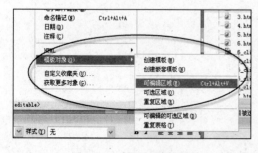

图 6-31 插入可编辑区域

图 6-32 插入可编辑区域后的模板网页

提示：

① 可以先下载一个中意的网页，然后在 Dreamweaver 8 中打开它，仅保留框架等元素，然后选择"文件"｜"另存为模板"命令将其保存为模板，这样能够省去很多制作模板的时间。

② 模板的使用必须和站点结合起来，首先要建立站点，并把模板文件放到站点中，这样模板才可以被后来新建的文件使用。本实例中先建立了站点，名称为 webpage，并把上述模板文件命名为 1.dwt。

（4）有了模板之后，在 Dreamweaver 8 主窗口中选择"文件"｜"新建"命令，弹出如图 6-33

所示的"新建文档"对话框，切换到"模板"选项卡查看已经保存的模板，从中选取刚才建立的模板文件 1.dwt，单击"创建"按钮打开这个模板，如图 6-34 所示。

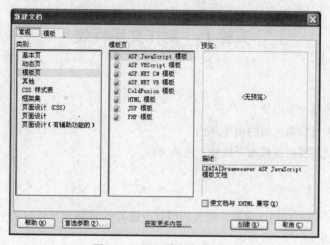

图 6-33　基于模板制作网页

图 6-34　选择已有模板

（5）完成上述步骤后，基于已有模板样式的一个原型网页文件就形成了，然后在 Dreamweaver 中绿色的可编辑区域内插入表格、图像、文字等网页对象，如图 6-35 所示。

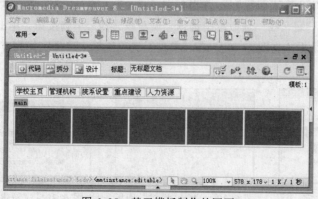

图 6-35　基于模板制作的网页

提示：网页中除了绿色区域可以修改之外，其他区域是不可编辑的。这样就可基于 1.dwt 模板创建多个网页文件，并且这些文件具有相同的布局、导航条，以此保证各网页文件布局的一致性。

实验七　制作文字特效

一、实验目的

1. 掌握模板的概念和用途。
2. 掌握模板中可编辑区域的创建办法。
3. 掌握如何使用模板制作布局风格一致的网页。

二、实验内容

Dreamweaver 不仅可以制作网页，而且利用其中的 CSS 滤镜还可以对文字或图片进行简单的特效处理。实验效果如图 6-36 所示。

图 6-36　带有特效的网页文字

（1）在新文档中插入一个 1×1 的表格，边框设置为 0，然后在其中输入需要修饰的"创新中国"四个字，如图 6-37 所示。

（2）单击右面的浮动面板中的"设计"｜"CSS 样式"选项，打开"CSS 样式"浮动面板，如图 6-38 所示，面板右下角的四个图标分别是：添加、新建、编辑以及删除 CSS 样式。

提示：在 Dreamweaver 中，CSS 滤镜只能作用于有区域限制的对象，如表格、单元格、图片等，而不能直接用于文字，所以要把所需要增加特效的文字事先放在表格中，然后对表格应用 CSS 样式，从而使文字产生特殊效果。

（3）单击新建 CSS 样式按钮，弹出如图 6-39 所示的对话框。在"类型"选项组中选择"类"单选按钮，在"定义在"选项组中选择"仅对该文档"单选按钮，单击"确定"按钮，弹出 CSS 样式定义对话框（见图 6-40），在"类型"选项区域中选择字体为方正舒体，大小为 50 像素，颜色为红色。

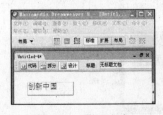

图 6-37　插入文字

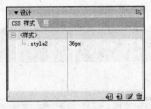

图 6-38　"CSS 样式"面板

图 6-39　"新建 CSS 样式卡"对话框

提示：要产生文字特效，最重要的是在"扩展"选项区域（如图 6-41）中进行设置。

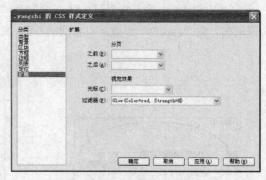

| 图 6-40　"类型"选项区域 | 图 6-41　"扩展"选项区域 |

（4）在"视觉效果"选项组的"过滤器"下拉列表框中选择 Glow 滤镜，它可以使文字产生边缘发光的效果。Glow 滤镜的语法格式为：Glow(Color=?, Strength=?)，里面有两个参数：Color 决定光晕的颜色，可以用如 ffffff 的十六进制代码，或者用 Red、Yellow 等单词表示；Strength 表示发光强度，范围从 0～255。本例中设置颜色为红色（Red），发光强度为 8，然后确定。

（5）将这个 CSS 样式应用到表格中。把光标移动到单元格中，在文档窗口左下角单击标签选中单元格，然后在 CSS 样式选项卡中选择新建的样式，并单击"套用"按钮，这样单元格就应用了 CSS 样式。

（6）在文档窗口中看不出变化，按【F12】键在 IE 中预览，效果就出来了（见图 6-36）。

提示：在网页里放上几个这样的特效字会让网页美观不少，而且也可以按【PrintScreen】键抓屏，然后在画图程序中粘贴保存使之成为单独的图片。

实验八　制作飘动的层

一、实验目的

1. 掌握层的概念和用途。
2. 掌握时间轴的概念和用途。
3. 掌握如何在时间轴上放置层并录制层的移动轨迹。

二、实验内容

本例主要利用层和时间轴的特点介绍在网页上实现动画飘动的效果，实验效果如图 6-42 所示，打开网页时，您会看到心形动画在网页中飞舞。

图 6-42　带有飘动的层的网页

（1）打开 Dreamweaver 8，选择"文件"｜"新建"命令。

（2）在网页中插入两个层："Layer1"和"Layer2"，如图 6-43 所示。在"Layer1"中插入心形动画，在"Layer2"中插入"驿动的心"，如图 6-44 所示。

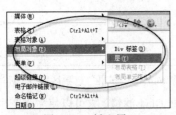

图 6-43　插入层　　　　　　　　　　　　　　图 6-44　插入层后的网页

提示： 在网页中插入飘动的层是以丰富和美化网页为原则，如果插入飘动的层过多，会造成网页的凌乱。

（3）打开时间轴选项卡，将"Layer1"拖放到时间轴中（右击层，从弹出的快捷菜单中选择"添加到时间轴"命令），在时间轴的帧格上右击，在弹出的快捷菜单中选择"录制层路径"命令，然后用鼠标拖住"Layer1"在网页中做一闭合曲线，如图 6-45 所示。

（4）用同样的方法完成"Layer2"的录制，如图 6-46 所示。

图 6-45　拖住层 1 做闭合曲线　　　　　　　　图 6-46　拖住层 2 做闭合曲线

（5）选中时间轴选项卡上的"自动播放"和"循环"复选框，如图 6-47 所示。

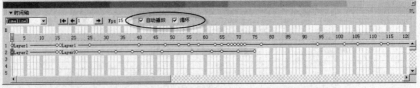

图 6-47　选中"自动播放"和"循环"复选框

（6）按【F12】键预览网页，层中的心形动画和文字就一起飘起来。

（7）选择"文件"｜"保存"命令把网页以 8.htm 为名称保存在 webpage 文件夹中。

提示：大家可以发挥想象力创造更多美丽的动画，比如在个人主页上放置一幅自己小时候的照片，使之飘动，这样网页更加有情趣和亲和力。

实验九　设置状态栏文本

一、实验目的

1. 掌握行为的概念和用途。
2. 了解网页交互的常规事件。
3. 掌握如何建立事件与行为的关系。

二、实验内容

这个例子主要介绍改变状态栏的方法，如图 6-48 所示，发现状态栏已经改为"欢迎参加网页设计之旅"，当鼠标单击第一个按钮时，状态栏的文本变为"人生的关键就在青春时的几步"；当鼠标移至第二个按钮时，状态栏的文本变为"当前的地址为：……"；在下方的文本框中输入一些文字，然后单击"试试"按钮，状态栏中就会以跳跃的方式出现输入的内容，单击"重写"按钮，可以清除文本框中的内容。

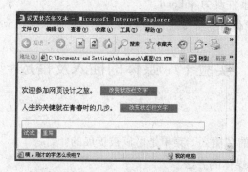

图 6-48　可以设置状态栏文本的网页

（1）打开 Dreamweaver 8，选择"文件"｜"新建"命令，建立一个空白文档。

（2）插入两个按钮表单"submit1"和"submit2"，在属性面板中设置它们的动作属性为"无"，设置标签属性为"改变状态栏文字"；再插入一个文本框"Text1"和两个按钮表单"button1"和"button2"，在属性面板中设置"button1"的动作属性为"无"，设置"button2"的动作属性为"重设表单"，设置标签属性分别为"试试"和"重写"，如图 6-49 所示。

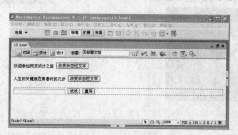

图 6-49　设置按钮属性

（3）设定"submit1"，在"行为"选项卡中单击"加号（+）"按钮，在弹出的菜单中选择"设置文本"｜"设置状态栏文本"命令，弹出"设置状态栏文本"对话框，在"消息"文本框中输入"欢迎参加网页设计之旅。"（见图 6-50），将事件改为 onClick，如图 6-51 所示。

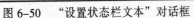

图 6-50　"设置状态栏文本"对话框　　　　　　　图 6-51　设置对应于按钮的事件

（4）设定"submit2"，在"行为"选项卡中单击"加号（+）"按钮，在弹出的菜单中选择"设置文本"｜"设置状态文本"选项，在"设置状态文本"对话框中设置"消息"为"咦，刚才的字怎么没啦？"。将事件改为 onMouseOut。

（5）选中设计网页左下方的<body>，在"行为"选项卡中单击"加号（+）"按钮，在弹出的菜单中选择"设置文本"｜"设置状态文本"选项，在"设置状态文本"对话框中设置"消息"为"注意看状态条!!!"，将事件改为 onLoad。

（6）选择"文件"｜"保存"命令把网页以 9.htm 为名称保存在 webpage 文件夹中。

实验十　媒体的插入及播放

一、实验目的

1. 了解 Dreamweaver 的"插入"菜单是可以被扩展的。
2. 掌握在网页中插入媒体的方法。

二、实验内容

本例主要介绍如何在网页中播放视音频文件，如图 6-52 所示。

（1）为 Dreamweaver 安装 Videoembed 插件，结果如图 6-53 所示。

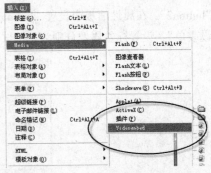

图 6-52　在网页中插入并播放媒体文件　　　　　图 6-53　插入菜单被扩展

（2）打开 Dreamweaver 8，选择"文件" | "新建"命令，建立一个空白网页，再选择"文件" | "保存"命令把网页以 10.htm 为名称保存在 webpage 文件夹中。

（3）选择"插入" | "media" | "videoembed"命令。

（4）在弹出的"Videoembed"对话框中选择一个媒体文件，并设置"ActiveX Width"为 300，设置"ActiveX Height"为 300，并选择"Autostart"复选框以保证媒体文件可以自动播放，如图 6-54 所示。

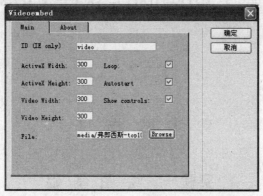

图 6-54　用 Videoembed 设置媒体文件播放属性

（5）在 Dreamweaver 设计视图中显示的是媒体文件的占位符，单击属性面板中的"播放"按钮，可以在设计视图中播放插入的媒体文件，单击"停止"按钮可结束播放，如图 6-55 所示。

图 6-55　媒体文件的属性面板

（6）按【F12】键预览，效果如图 6-52 所示。

（7）选择"文件" | "保存"命令把网页以 10.htm 为名称保存在 webpage 文件夹中。

上 机 练 习

使用 Dreamweaver 建立个人站点，要求如下：

（1）包含图片、多媒体信息。

（2）设置状态栏信息。

（3）飞动的蝴蝶。

（4）图片的 CSS 滤镜模糊效果。

（5）超链接及细线表格。

第 **7** 章 动画制作软件 Flash

实 验 指 导

实验一 绘 图 基 础

在 Flash 8 应用程序窗口中,有许多面板和工具箱,用鼠标可以把工具箱拖动到窗口的任意位置。可以显示工具箱也可以隐藏工具箱。

1. 绘图工具箱

绘图工具箱(见图 7-1)集中了各种绘图工具,是 Flash 的基础,下面着重介绍一下它的功能。

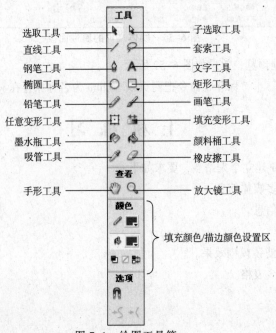

工具	
选取工具	子选取工具
直线工具	套索工具
钢笔工具	文字工具
椭圆工具	矩形工具
铅笔工具	画笔工具
任意变形工具	填充变形工具
墨水瓶工具	颜料桶工具
吸管工具	橡皮擦工具
查看	
手形工具	放大镜工具
颜色	
	填充颜色/描边颜色设置区
选项	

图 7-1 绘图工具箱

（1）选取工具

利用选取工具可以进行对象的选择、移动、改变对象尺寸、旋转对象、改变对象的造型等。

① 选择对象

● 单击：选取单个对象，如一条边线、一块填充区域。

● 双击：选取整个对象，如双击矩形对象后会选取矩形的边框线和填充区域。

● 多选：按住【Shift】键不放，单击不同对象，可以同时选取多个对象。

● 圈选：按住鼠标左键拖动出一个方框，可以选取方框范围内的对象。

② 移动对象

选取对象后，按住鼠标的左键不放进行拖动。

③ 改变对象的尺寸

选取对象后，单击绘图工具箱"选项"区中的比例按钮 ，在对象上出现 8 个空白的小方框，移动鼠标到小方框上进行拖动，可以调整对象的尺寸。

④ 旋转对象

选取对象后，单击绘图工具箱"选项"区中的旋转按钮 ，在对象上出现 8 个空白的小圆圈，移动鼠标到圆圈上进行拖动，可以旋转对象或进行变形。

⑤ 改变对象的造型

把鼠标移动到对象的边角处，待鼠标分别变成 或 ，状态后，拖动鼠标可以改变对象的两种造型——直角造型或圆角造型。

⑥ 自动捕捉（紧贴对象）按钮

单击"选项"区中的 按钮后系统启动自动捕捉特性，即在绘图和移动对象时，使之自动和最近的网格点或对象的中心点重合，该功能能够准确定位图形元素。

⑦ 平滑按钮

当选取线条对象后，单击 按钮可以自动对线条进行平滑操作。

⑧ 直线按钮

当选取线条对象后，单击 按钮可以自动对线条进行修直操作，多次单击后线条会变成一条或几条直线。

（2）子选取工具

与选取工具的功能类似，子选取工具也可以进行选取操作。利用该工具选取对象后将在对象边缘出现小方块，通过拖动小方块可以进行对象的移动及修改外观等操作。但子选取工具不能对选取对象进行旋转、变形操作。

（3）直线工具

用于绘制各种形状、粗细、长度、颜色和角度的矢量直线。

（4）套索工具

用于在舞台工作区上选取不规则区域或多个对象。配合【Shift】键可以选取多个不规则的对象。当套索工具被打开时，它的附属选项工具也同时打开。

① 魔术棒工具

利用该工具可以自由选取对象。

② 魔术棒属性按钮

单击该工具后，打开魔术棒属性对话框进行相应设置，这个属性设置在要选取颜色相近的多个对象时非常有用。

③ 多边形模式

利用该工具可以多边形的模式来选取对象，双击鼠标完成选取工作。

（5）钢笔工具

利用该工具可以自由地创建、编辑矢量图形。选择"编辑"｜"参数选择"命令，弹出"参数选择"对话框，切换到"编辑"选项卡，可以设置钢笔工具的相关属性参数。选择"窗口"｜"面板"｜"描绘"命令，打开"描绘"面板，可以设置绘制线段的样式、粗细和颜色等属性。

① 绘制直线

选取钢笔工具后在工作区单击选定直线段的始点，再移动鼠标到第 2 个节点处依次单击绘制出直线段。若要结束不封闭线段的绘制时，可以双击鼠标，或者按住【Ctrl】键的同时单击其他地方，或者单击绘图工具箱中的钢笔工具来结束绘制；若要结束封闭线段的绘制，只要单击线段的始点处即可。

② 绘制曲线

选取钢笔工具后在工作区单击选定曲线的始点，再移动鼠标到第 2 个拐点位置处按下鼠标左键拖动调整曲线的弯曲方向和弯曲度，依次绘制出各种形状的曲线。

③ 调整路径上的节点

利用钢笔工具选取工具后，可以对路径上的节点进行删除、添加和移动操作。注意在执行不同操作时鼠标指针的形状变化，从左到右各鼠标形状分别表示当前状态可以进行添加节点、删除节点、移动节点和整平线段操作。

（6）文字工具

文字工具用来创建和编辑文本对象。单击绘图工具箱中的文字工具，用鼠标在舞台工作区中拖动出一个文本框后可在此文本框内输入文字。

（7）椭圆工具

单击绘图工具箱中的椭圆工具，在当前层空白处拖动鼠标可以绘制椭圆。在拖动的同时配合【Shift】键可以绘制正圆。

当选取椭圆工具后，用鼠标单击"选项"区中的"描绘颜色"按钮，可从弹出的颜色清单中选择椭圆边框线的颜色；单击"填充颜色"按钮，可从弹出的颜色清单中选择椭圆的填充颜色。若不想添加边框线颜色或填充色，可单击相应清单中的"无颜色"按钮。

（8）矩形工具

单击绘图工具箱中的矩形工具，在当前层空白处拖动鼠标可以绘制矩形。若在拖动的同时配合【Shift】键可以绘制正方形。

（9）铅笔工具

使用绘图工具箱中的铅笔工具可以绘制线条和勾勒对象的轮廓。

在选取铅笔工具后，绘图工具箱的"选项"区中显示出系统提供的铅笔模式按钮，其中 3 种铅笔模式分别是：

① 直线化模式 ┑

选择这种模式会使线条轨迹变得平直。

② 平滑模式 ╰

选择这种模式会使线条轨迹变得平滑。

③ 墨水瓶模式 ╰

选择这种模式会使绘制的线段接近手绘的效果。

（10）画笔工具

使用画笔工具可以绘制封闭的填充色构成的图形。

单击绘图工具箱"颜色"区中的"填充颜色"按钮可以选择画笔的颜色。

使用绘图工具箱"选项"区中的"画笔大小"选项可以设置画笔的大小。

使用绘图工具箱"选项"区中的"画笔形状"选项可以设置画笔的外形。

绘图工具箱中"选项"区中提供了 5 种画笔模式：

① 标准绘画模式 ◎

这种模式的画笔所绘制的颜色区域所到之处会覆盖为画笔的颜色。

② 颜料填充模式 ◎

这种模式的画笔所绘制的颜色区域只影响对象的内部填充内容，不会影响对象的边框线颜色。

③ 后面绘画模式 ◎

这种模式的画笔所绘制的颜色区域置于对象的后方，不会影响对象的填充颜色。

④ 颜料选择模式 ◎

这种模式的画笔所绘制的颜色只会覆盖已选取的区域，若无选取区域则画笔不会影响对象的颜色。

⑤ 内部绘画模式 ◎

这种模式的画笔所绘制的颜色只会覆盖对象的内部，不会影响到对象的封闭区域之外。

（11）任意变形工具

用于改变对象的位置、大小、旋转角度和倾斜角度等。

（12）填充变形工具

用于改变填充物的位置、大小、旋转角度和倾斜角度等。

（13）墨水瓶工具

使用墨水瓶工具可以给对象添加选定的轮廓线，或者改变对象轮廓线的线型、粗细和颜色。

注意：墨水瓶工具只改变对象轮廓的属性，不改变对象的填充属性。

（14）颜料桶工具

使用颜料桶工具可以改变对象的填充颜色。

当选取此工具后，单击绘图工具栏"附属选项按钮"区中的"填充颜色"按钮，打开颜色清单，从中可以选择一种填充颜色。

（15）吸管工具

使用吸管工具可以提取源对象的线条及填充颜色等特征信息应用到目标对象上，方便地进行特征信息的复制。

（16）橡皮擦工具

使用橡皮擦工具可以清除线条或填充颜色信息。

当选取橡皮擦工具后，绘图工具箱中出现橡皮擦工具的一些附属选项：

① 橡皮形状

单击 ● 右侧的下三角按钮，从弹出的下拉列表中可以选择橡皮擦的各种形状。

② 橡皮模式（单击"选项"区中的 ，选择橡皮模式）

- 标准擦除 ：选取该模式后，会清除橡皮所经过对象路径上的所有轮廓线条和填充颜色。
- 擦除填色 ：选取该模式后，只清除橡皮所经过对象路径上的填充颜色。
- 擦除线段 ：选取该模式后，只清除橡皮所经过对象路径上的轮廓线条。
- 擦除所填色 ：选取该模式后，只清除橡皮所经过的对象选取范围内路径上的填充颜色。
- 内部擦除 ：选取该模式后，只清除起点以内的封闭区域中的填充颜色。

③ 水龙头工具

选取该工具后，在对象上单击会清除线条及清除对象的填充颜色到未填充状态。

（17）手形工具

使用绘图工具箱"查看"区中的手形工具可上下左右移动场景中的视图区。

（18）放大镜工具

使用绘图工具箱"查看"区中的放大镜工具可以放大或缩小视图区。

2．面板的使用

Flash 程序还提供了各种面板，这些面板提供了强大的功能，既可以显示也可以隐藏，使用鼠标可以把面板拖动到窗口的任意位置。

选择"窗口"｜"××（面板名称）"命令，可打开该面板。下面简单介绍一下常用的几个控制面板的功能。

（1）属性面板

用于显示和修改选中对象的属性，而且选中的对象不同，其属性面板也不同。

（2）信息面板

此面板显示当前鼠标位置的坐标值、选取对象的长宽大小及 RGB 颜色等信息。

（3）填充面板

此面板用来设置对象的填充颜色，可从面板的下拉列表中选择无填充、实线填充、渐变色填充和位图填充等填充方式。

（4）描绘面板

此面板用来设置线段或轮廓线的线型、粗细和颜色。

（5）转换面板

此面板用来设置对象的水平、垂直缩放比例及旋转、倾斜的角度。

（6）排序面板

此面板用来设置对象在窗口或舞台工作区上的排列位置、对齐方式及匹配方式。

（7）调色板面板

此面板用来设置对象的填充颜色、描边颜色、RGB 颜色值及透明度。

（8）字符面板

此面板用来设置文本的字体、字号、缩放大小及字间距等属性。

（9）帧面板

此面板用来设置动画的类型。从"变化"下拉列表中可选择动画的两种类型：变形内插动画和运动内插动画。

（10）声音面板

此面板用来设置动画的背景音乐、动画与音乐的同步方式以及音乐的播放效果。

同步方式：

- "事件"：此方式下将从设置声音的关键帧开始播放声音，如果声音比动画时间长，那么即使动画已经结束声音还将继续播放。
- "数据流"：此方式下声音将与动画的播放保持一致。动画停止则声音也停止播放。
- "开始"：此方式与"事件"方式雷同。如果声音已经播放，则选择"开始"将重新从头播放。
- "停止"：选择此方式则在相应的帧上出现"停止"标记，当声音播放到此标记处自动停止。

3．图层

在 Flash 中，"层"是一个很重要的概念。层可看作是相互堆叠在一起的透明的胶片。当图层上没有内容时，可以透过上面的图层看到下面的图层。

在 Flash 中，利用层这个特殊的工具可以在不影响其他图层对象的基础上，方便地在一个图层上绘制或编辑对象，利用多个图层可安排影片中的文字、图形和动画。

（1）遮罩层

遮罩层是用某一特殊的层来屏蔽其下层中的播放显示，但它并不是完全屏蔽下层中的对象。遮罩层上绘制的任意图形对象或字体对象会创造出一个"洞"，通过这个"洞"，下面图层中的内容可以显示出来。通过把一个普通的图层转变为遮罩层的方法来建立一个遮罩层。

（2）引导层

在制作动画时，往往需要图形符号能按照一定的轨迹运动，而不只是单一的直线运动，这时就需要引导层。它是一种特殊的图层，用于绘制导向曲线作为符号运动的轨迹。

4．图层的基本操作

使用图层控制面板（见图 7-2）可方便地进行图层编辑和操作。

图 7-2　图层控制面板

① 新建图层

单击图层控制面板上的⊞按钮，则会在当前图层上新建一个图层，系统自动添加一个默认的图层名。

② 删除图层

单击图层控制面板上的🗑按钮会删除当前图层。

③ 重命名图层

双击图层名，输入新的图层名称即可重命名。

④ 显示/隐藏图层

单击图层控制面板上方的👁按钮可以显示或隐藏所有图层。

⑤ 锁定/解开图层

单击图层控制面板上的🔒按钮可以锁定或解开所有图层。

⑥ 改变图层的次序

按住鼠标左键上下拖动图层控制面板中的图层可以改变图层的排列次序。

5. 时间轴与帧的使用

时间轴是一个以时间为基础的线性进度安排表，在时间轴控制面板中每个图层都对应着一条时间轴。在制作动画时要在时间轴上插入帧。在 Flash 中的帧有：空白帧、关键帧和插入帧。

- 空白帧：没有设置任何动画的帧。
- 关键帧：出现在动画开始、关键转折点和结束处的帧。系统根据第 1 帧和最后一帧来决定动画的方式。单击时间轴上的任意位置处，按【F6】键就可以插入一个关键帧。
- 插入普通帧：单击要插入关键帧的帧单元格，按【F5】键。
- 插入空白关键帧：单击要插入空白关键帧的帧单元格，按【F7】键。

实验二 多彩文字

一、实验目的

学会用 Flash 进行文字处理，本例制作由图像填充的纹理文字（见图 7-3）。

图 7-3 彩色文字

二、实验内容

（1）新建文件，单击工具箱内的文字工具 **A**，在其属性面板中，设置字体为黑体、字号为 80、颜色为黑色。

（2）单击舞台工作区，输入"多彩世界"。

（3）选中文字，选择"修改"｜"分离"命令，将 4 个文字打散，再次选择"修改"｜"分离"命令，将每个字打碎，变成图形。

（4）选取所有文字，选择"修改"｜"形状"｜"扩散填充"命令，弹出"扩散填充"对话框，将文字向外扩充 3 像素，如图 7-4 所示。

（5）选择"窗口"｜"设计面板"｜"混色器"命令，打开混色器面板。在混色器面板的下拉列表中选择"位图"，此时会弹出"导入到库"对话框，在其中选择两个纹理图像文件导入，如图 7-5 所示。

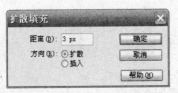

图 7-4 "扩散填充"对话框   图 7-5 混色器面板的位图设置

（6）单击混色器面板内第一个纹理图像后，再单击工具箱内的颜料桶工具 ，然后分别单击各个文字的笔画，填充纹理图像。

（7）单击工具箱内的填充变形工具，再分别单击各个文字的笔画。然后用鼠标拖动方形和圆形的控制柄，调整纹理图像的大小与方向，如图7-6所示。

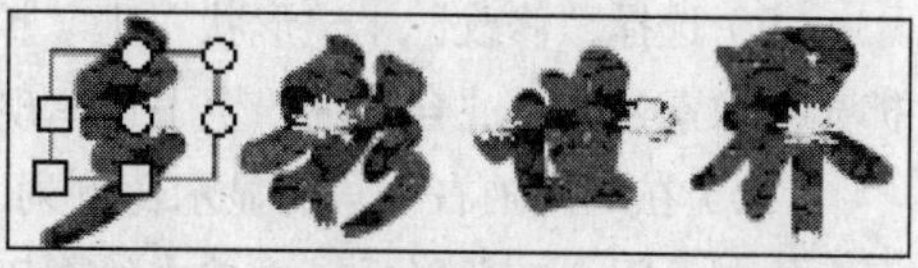

（8）选取"多彩世界"纹理文字，选择"修改"｜"组合"命令，将"多彩世界"纹理文字组合。

（9）单击工具箱内的矩形工具后，再单击混色器面板中的第二个纹理图像，然后在舞台工作区上拖出一个用纹理图像填充的矩形。

图 7-6　调整纹理图像的大小与方向

（10）单击工具箱内的选取工具，选中矩形，再单击工具箱内的任意变形工具，适当调整矩形的大小。

（11）单击工具箱内的填充变形工具后，单击矩形内部。然后用鼠标拖动方形和圆形的控制柄，调整纹理图像的大小与方向。

（12）选取"多彩世界"纹理文字，拖动到矩形图像上方，然后再同时选取"多彩世界"纹理文字和矩形图像，选择"修改"｜"组合"命令，将它们组合，效果见图7-3。

实验三　框 线 文 字

一、实验目的

学会制作一个框线文字效果，如图7-7所示。

二、实验内容

（1）在新建的 Flash 文档中，选择"窗口"｜"设计面板"｜"混色器"命令，打开混色器面板。

图 7-7　文字的外框线轮廓

（2）在混色器面板中，选择"线性"渐变填充方式，再单击颜色框下边的关键点，依次增加几个新滑块，并将滑块颜色从左到右分别设置为一种渐变色为：白、黑、白、黑、白、黑，如图7-8所示。

（3）单击工具箱中的矩形工具，在舞台工作区上绘制一个矩形，如图7-9（a）所示。

（4）单击工具箱中的选取工具，选取矩形后，再选择"编辑"｜"拷贝"命令和"编辑"｜"粘贴"命令，粘贴6次，复制6个矩形。

（5）将 7 个矩形依次排列，如图7-9（b）所示，然后选择"修改"｜"组合"命令，将 7 个矩形组合。

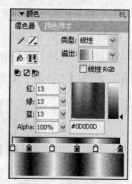

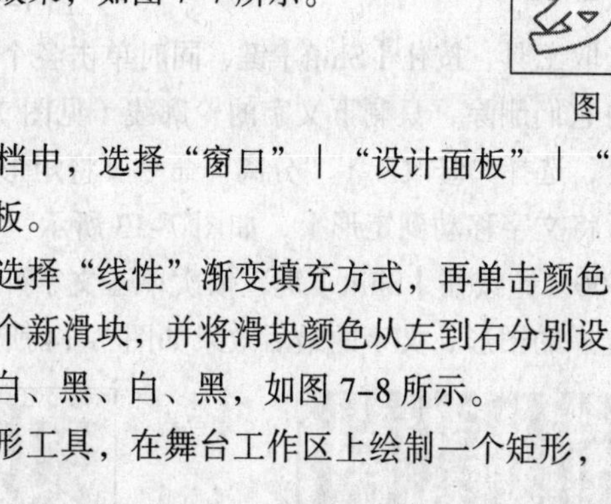

图 7-8　混色器面板

（a）　矩形　　　　（b）　组合后的矩形

图 7-9　组合矩形

（6）单击工具箱中的文字工具，在其属性面板中，设置字体为黑体、字号为70、颜色为黑色。

（7）单击舞台工作区，输入"梦幻组合"。

（8）选取"梦幻组合"，选择"修改"｜"分离"命令两次，将每个文字打碎。

（9）选择"修改"｜"形状"｜"扩散填充"命令，弹出"扩散填充"对话框，将文字向外扩充4像素，此时"合"字产生了连笔现象，需要进行修补。

（10）在时间轴右下角的显示比例列表框中选择400%。单击工具箱中的线条工具，在"合"字上绘制一闭合三角形后，再单击绘图工具箱中的▲按钮，拖动三角形边的弧度至合适位置，结果如图7-10所示。

（11）双击线条内部，选中线条内部的填充物及线条，按【Delete】键删除，修改后的"合"字如图7-11所示。

图7-10   在"合"字上补画线条   图7-11   修补后的"合"字

提示：若单击线条内部的填充物，按【Delete】键，则只能删除填充物，不能删除线条。

（12）在舞台工作区空白处单击，再单击工具箱中的墨水瓶工具，在其属性面板中，设置线类型为线条状，颜色为黄色，线粗细为2像素。

（13）选择显示比例为200%，用墨水瓶工具单击"梦幻组合"4个字笔画的边缘，此时文字的边缘增加了黄色的外框线条，如图7-12所示。

图7-12   加上黄色外框线的文字

（14）单击工具箱中的选取工具，按住【Shift】键，同时单击各个文字的内部填充物，全部选中后，再按【Delete】键，将它们删除，只剩下文字的轮廓线（见图7-7）。

（15）选取6个矩形组合，选择"修改"｜"分离"命令，将矩形组合打碎。以同样的方法将"梦幻组合"文字打碎。然后将文字移动到矩形上，如图7-13所示。

（16）选择显示比例为400%，按住【Shift】键，依次单击文字外部的图形和文字笔画间的区域，再按【Delete】键删除选择的图形，文字的最后效果如图7-14所示。

图7-13   移至矩形之上的文字

图7-14   被矩形填充的文字

实 验 四   立 体 文 字

一、实验目的

学会制作立体文字效果（见图7-15）。

图7-15   立体文字

二、实验内容

（1）新建 Flash 文档。

（2）在绘图工具箱中，选择文字工具 **A**，在其属性面板中，设置字体为黑体，字号为 90。

（3）单击舞台工作区空白处，在出现的文本框中输入文字 "FIT"。

（4）用选取工具 **↖** 选中输入的文字，用方向键将其移动到舞台工作区中央，按【Ctrl+B】组合键将文字打散。

（5）单击舞台工作区空白处，不选中文字。使用绘图工具箱中的墨水瓶工具 **✍**，在其属性面板中设置线型为线条状、蓝色、1 个像素点粗。再单击文字笔画边缘，此时文字的边缘增加了蓝色的轮廓线。

（6）单击字母内部，按【Delete】键，删除填充物，将文字制作成中空字，如图 7-16 所示。

（7）用选取工具 **↖** 在舞台工作区上拖出一个矩形，选中所有文字，按住【Ctrl】键，用鼠标把边框向左下方拖动，复制出一个新的边框，如图 7-17 所示。

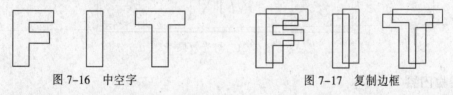

图 7-16　中空字　　　　　　　　　　　　图 7-17　复制边框

（8）用选取工具 **↖**，单击后面边框的某些部分，按【Delete】键删除，如图 7-18 所示。

（9）用绘图工具箱中的线条工具 **／**，在边框的各个端点之间绘制直线，使其变成立体图形，如图 7-19 所示。

图 7-18　删除多余边框　　　　　　　　　图 7-19　立体框线

（10）选择 "窗口" ｜ "设计面板" ｜ "混色器" 命令，打开混色器面板，将填充颜色设置为从黑变蓝再从蓝变黑的渐变。

（11）用绘图工具箱中的颜料桶工具 **✍** 把文字的填充颜色设置为从黑变蓝再从蓝变黑的渐变，然后单击文字的正面，如图 7-20 所示。

图 7-20　正面填充效果

（12）把文字的填充颜色设置为从深蓝到浅蓝，再从浅蓝到深蓝的渐变，然后单击文字的顶面。

（13）把文字的填充颜色设置为从深蓝到浅蓝，再从浅蓝到深蓝的渐变，然后单击文字的侧面。立体效果形成。

实验五　运动内插动画

一、实验目的

学会制作一个简单的动画——闪烁的灯光效果，如图 7-21 所示。

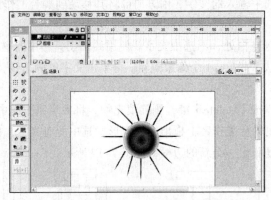

图 7-21　灯光效果

二、实验内容

（1）新建文件，选择"修改"｜"文档"命令，弹出"文档属性"对话框（见图 7-22），把舞台工作区的背景色设置为黑色。

（2）制作"光源"。选择"插入"｜"新建元件"命令，弹出"创建新元件"对话框（见图 7-23），在"名称"文本框中输入"灯光"，选择"图形"单选按钮，单击"确定"按钮，打开"灯光"元件编辑舞台工作区。

（3）单击椭圆工具，按住【Shift】键在舞台工作区上绘制一个正圆作为光源。

（4）选中"光源"，选择"窗口"｜"设计面板"｜"混色器"命令，打开混色器面板。在混色器面板中，单击颜色框下边的关键点，依次增加 3 个新滑块，并将 4 个滑块颜色从左到右分别设置为：红、白、红、黑，如图 7-24 所示设置圆的填充色为一种红色渐变色，创作一种朦胧的光源效果。

图 7-22　设置舞台工作区背景色

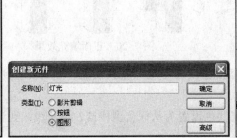

图 7-23　"创建新元件"对话框

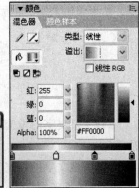

图 7-24　混色器面板

（5）制作灯光的光线。新建图层，单击椭圆工具，在舞台工作区上拖出一个椭圆。选中椭圆并右击，从弹出的快捷菜单中选择"任意变形"命令，椭圆的周围出现 8 个控点，拖动控点使椭圆变成细长条的光线效果，如图 7-25 所示。

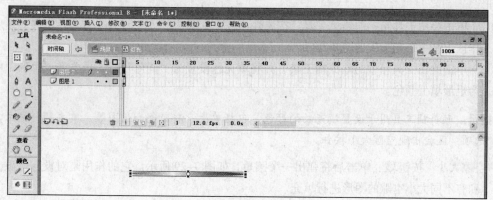

图 7-25 制作光线

（6）使用选取工具 ▶ 选择一半的光线，按【F8】键，在弹出的"转换为元件"对话框中，保存名为"光线"的"图形"元件。

（7）单击"光源"图层，按【Ctrl+L】组合键打开库面板，从中选择"光线"符号，用鼠标拖动到当前舞台工作区上并右击，在弹出的快捷菜单中选择"任意变形"命令调整光线的位置和大小，这样第一条环绕光源的光线就做好了。同样的方法再做几条光线。

（8）为光源添加圆形的光圈。单击椭圆中心，选择一种相应的红色描边颜色。

（9）按住【Shift】键，依次选中光源和所有光线，利用 4 个方向键把图形定位到舞台工作区中心点，效果如图 7-21 所示。

（10）制作灯光的闪烁效果。选中灯光图形并右击，从弹出的快捷菜单中选择"任意变形"命令，调整图形周围的控制点把图形缩小。单击当前层的第 20 帧，按【F6】键插入一个关键帧，然后把灯光符号调整到较大状态。单击当前图层 1～20 帧空白帧处，单击鼠标右键，从弹出的快捷菜单中选择"创建补间动画"命令，打开"帧"属性面板，在"补间"下拉列表框中选择"动作"，设置完成后时间轴 1～20 帧变成带箭头的淡紫色的色带，表示插入动画成功。

（11）按【Ctrl+Enter】组合键测试动画播放效果。

实验六 线条的缩放

一、实验目的

学会制作由形状变化而形成的线条缩放动画（见图 7-26）。

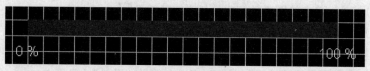

图 7-26 效果图

二、实验内容

（1）新建 Flash 文档，选择"视图"｜"网格"｜"显示网格"命令，显示网格以便准确画出矩形。

（2）单击绘图工具箱中的铅笔工具，在属性面板（见图 7-27）中设置 1 像素、实线，然后在舞台工作区上画一个矩形（见图 7-28）。

（3）单击绘图工具箱中的油漆桶工具，并将填充色设置为"蓝色"后，再单击"矩形"中间区域，为矩形填上颜色。

提示：颜料桶工具用于设置填充物的颜色，包括单色、渐变色和位图等。单击颜料桶工具按钮，"选项"区会出现空隙大小按钮。

"空隙大小"按钮 ：单击后将弹出一个菜单，如图 7-29 所示。它的作用是对没有空隙（即缺口）和有不同大小空隙的图形进行填充。

| 图 7-27 "铅笔"属性面板 | 图 7-28 矩形 | 图 7-29 空隙大小填充设置 |

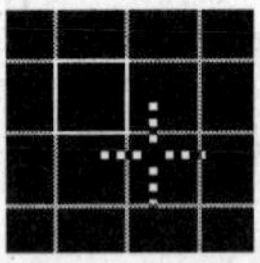

在这里选择"封闭小空隙"命令。

然后，用选取工具单击"矩形"外围的四边线条，按【Delete】键删除线条，如图 7-30（b）和 7-30（c）所示。

（a）填充　　　　　　　　（b）选择外围边线　　　　　　　（c）去边

图 7-30 示例图

（4）在时间轴 20 帧处，按【F6】键插入关键帧。

（5）在第 20 帧处，单击绘图工具箱中的任意变形工具 ⊡。

（6）单击矩形，拖动矩形将矩形缩放至适当长度（见图 7-31）。

（7）在第 1 帧和 20 帧之间面右击，在弹出的快捷菜单中选择"创建补间动画"命令。

（8）在"帧"属性面板的"补间"下拉列表框中选择"形状"（见图 7-32），第 1 帧～第 20 帧之间就形成了线条缩放效果。

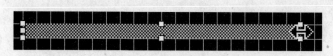

图 7-31　缩放矩形

图 7-32　设置形状补间

（9）在时间轴上，单击 按钮，新增一图层。

（10）双击新增图层，将图层重命名为"number"。

（11）在"number"图层上，分别在线条前后加上百分比数字（见图 7-26）。

（12）按【Ctrl+Enter】组合键测试动画。

提示： 形状变化是由一种形状对象逐渐变为另外一种形状对象。Flash 可将图形、打散的文字和由点阵图转换的矢量图形进行变形，但不能将实例、未打散的文字、点阵图像、组合图形进行变形。

线条缩放也可以使用动作动画来实现，区别在于动作动画是元件的变化特效，图形动画则是非元件的变化特效。

实验七　屏幕拉开

一、实验目的

学会制作由动作变化而形成的屏幕拉开效果（见图 7-33）。

图 7-33　屏幕拉开效果

二、实验内容

（1）新建 Flash 文档。

（2）在第 1 帧处，单击绘图工具箱中的矩形按钮 ，在舞台工作区上拖动鼠标画一矩形。

（3）选中矩形，选择"修改"｜"转换为元件"命令，命名为"矩形"图形类元件。

（4）在第 25 帧按【F6】键插入一关键帧。

（5）选中"矩形"元件，在属性面板中，将宽度设置为"235"像素，如图 7-34 所示。

图 7-34　"矩形"元件属性面板

提示：选中矩形，单击任意变形工具，拖动填充柄将矩形拉大，此时元件将向左右两个方向伸展。

（6）在第1帧～第25帧之间右击，在弹出的快捷菜单中选择"创建补间动画"命令，在属性面板中选择"动作"，制作动作动画。

（7）按【Ctrl+Enter】组合键测试动画。

提示：若在第1帧～第25帧之间出现虚线，说明动画没有形成。解决方法：选中矩形，按【Ctrl+B】组合键将其打散，形状动画形成。

实验八　形　状　变　化

一、实验目的

制作由图形的形状变化而形成的动画，如图7-35所示。

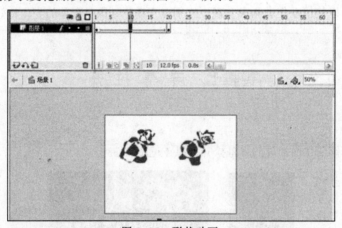

图7-35　形状动画

二、实验内容

（1）新建文件，单击工具箱中的椭圆工具◯，并将填充颜色均设置为粉红色，笔触颜色选择"无"。

（2）在舞台工作区上分别拖动出4个不带边框的椭圆，如图7-36所示。

（3）在时间轴的20帧处，按【F6】键插入一个关键帧，此时舞台工作区上的椭圆呈选中状态，删除椭圆。

（4）选择文字工具，在其属性面板中设置字体为黑体、字号为80，然后在舞台工作区上输入文字"欢迎光临"。

（5）利用选取工具选中所有文字，选择"修改"｜"分离"命令两次，把文字转换成可以独立处理的失量图形。

（6）在第1帧处，选中4个圆，选择"修改"｜"分离"命令，将4个圆打碎（见图7-37）。

图 7-36　绘制椭圆

图 7-37　打碎后的 4 个圆

（7）制作变形动画。在当前图层第 1 帧～第 20 帧之间的空白处右击，在弹出的快捷菜单中选择"创建补间动画"命令，在打开的"帧"属性面板中，在"补间"下拉列表框中选择"形状"，此时在时间轴上帧的连接变成了带箭头的淡绿色的色带。这就表示变形动画制作成功。

（8）按【Ctrl+Enter】组合键测试动画效果。

提示：两个关键帧处的文字或图形打散后，才能实现形状动画，否则时间轴上帧的连接变成了无箭头的淡绿色的色带，无法实现形状动画。

实验九　变幻的字符

一、实验目的

1. 学会制作通过添加形状提示点使形状有规律地变化而形成的动画。
2. 了解通过字符的变形而形成的动画，只能用形状渐变来实现，用运动渐变是无法实现的。

二、实验内容

（1）新建 Flash 文档，按【Ctrl+J】组合键打开"文档属性"对话框，设置宽度和高度均为 100，背景为蓝色。

（2）选择绘图工具箱中的文字工具 **A**，在其属性面板中，设置字体为黑体、字号 90、颜色为黄色。

（3）单击舞台工作区空白处，出现一个文字输入框▯，输入字母 F，选择箭头工具，这时字母 F 的周围出现一个阴影方框▦，表示该字母已经成为一个整体。

（4）单击第 12 帧，按【F6】键插入关键帧，此时这一帧的内容和第 1 帧一样。

（5）双击第 12 帧的字母 F，把字母 F 替换成字母 L。用同样的方法，分别在第 24 帧、第 36 帧、第 48 帧、第 60 帧插入关键帧，并把相应的字母变成 A、S、H 和 F。

（6）单击第 1 帧，按【Ctrl+B】组合键把字母 F 打散。然后依次选择第 12、24、36、48 和 60 帧，按【Ctrl+B】组合键把字母 L、A、S、H、F 分别打散。现在就可以制作动画了。

（7）在第 1 帧～第 12 帧之间右击，在弹出的快捷菜单中选择"创建补间动画"命令，同时在"帧"属性面板中，在"补间"下拉列表框中选择"形状"。然后分别对第 12 帧、24 帧、36 帧及 48 帧进行同样操作。最后的时间轴窗口如图 7-38 所示。

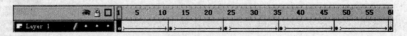

图 7-38　字符动画的时间轴

（8）按【Ctrl+Enter】组合键测试动画效果。

提示：在形状渐变动画中，如果没有指定变形规则的话，Flash 将自动为待变形的形体设置一些关键点。形状渐变动画实际上就是关键点位置的变化，形体其余部分的变化可以通过插值的方法计算出来。在 Flash 中提供了一种人为干预变形效果的方法，即设置形状提示点（Hints），通过指定相应提示点间的变化方法可以指定整个形变的过程。

（9）以字母 A 变 S 的过程为例，选择第 24 帧，按【Ctrl+Shift+H】组合键加入一提示点，以图 7-39（a）中红色的小圆圈表示，a 用来标识形状提示点。单击第 36 帧，发现字母 S 上也有一个对应的提示点，如图 7-39（b）所示。

（10）回到第 24 帧，把形状提示点 a 拖动到字母 A 的右下角，如图 7-39（c）所示，再到第 36 帧，把提示点 a 放在如图 7-39（d）所示位置。此时形状提示点变绿了，回到第 24 帧，形状提示点由红色变成了黄色，如图 7-39（e）所示，表明提示点的设置正确。

提示：如果提示点仍是红色，说明提示点位置设置不正确，多调整几次就好了。用同样的方法，可以再设置多个提示点，如图 7-39（f）和图 7-39（g）所示，又设置了一个提示点 b，这样就可以获得比较好的变形效果。

（a）加入提示点 a

（b）字母 S 中也出现提示点 a

（c）移动提示点位置

（d）移动提示点在 S 中位置

（e）提示点变成黄色

（f）在 A 中加入提示点 b

（g）在 S 中加入提示点 b

图 7-39　设置形状提示点

当然形状渐变动画不仅作用于文字，所有的形体都适用。所以也可以把文字变形的动画扩展到几何图形的变化，例如可以把圆形变成三角形，再变成正方形等，发挥自己的想象力，多动手练一练，一定会慢慢熟练起来并创作出很好的作品的。

（11）测试动画，可以看出加入了提示点后字母的变形似乎更有规则一些。

实验十　遮罩层的使用

一、实验目的

利用遮罩层制作"雪花"文字的填充物，使其从上不断飘下雪花，如图 7-40 所示。

图 7-40　遮罩效果

二、实验内容

（1）新建文件，在图层面板中将图层命名为"文本"。

（2）单击第 1 帧，在舞台工作区中央输入文字"雪花"，并在属性面板中设置为黑体、80 号字、加粗、黑色。

（3）单击"雪花"文字，按两次【Ctrl+B】组合键，打散文字。

（4）选中打散的文字，再选择"修改"｜"形状"｜"扩展填充"命令，将文字扩充 2 个像素点。

（5）在第 30 帧处，按【F5】键延伸帧。

（6）增加图层 2（拖动到"文本"图层的下面），选中图层 2 的第 1 帧，然后选择"文件"｜"导入"｜"导入到舞台"命令，在弹出的对话框中选择一个雪花图片文件导入到舞台工作区。

（7）右击导入的图片，从弹出的菜单中选择"任意变形"命令，拖动图片 4 个角上的控点，调整图片到合适的大小。

（8）选中调整后的雪花图片，选择"编辑"｜"复制"命令后，再选择"编辑"｜"粘贴"命令，复制一幅，然后用 4 个方向键移动复制的图片，将两幅雪花图片按垂直方向拼接。

（9）按住【Shift】键，依次单击两幅雪花图片，然后再选择"修改"｜"组合"命令，将其组合。

（10）在图层 2 的第 1 帧处，将雪花图片移动到文字的上方（见图 7-41），用鼠标单击图层 2 的第 30 帧，按【F6】键增加 1 个关键帧，然后将雪花图片移动到文字的下方（见图 7-42）。

图 7-41　第 1 帧画面　　　　　　　　　　图 7-42　第 30 帧画面

（11）在图层 2 的第 1 帧～第 30 帧之间的空白处右击，从弹出的快捷菜单中选择"创建补间动画"命令，此时打开"帧"属性面板，从"补间"下拉列表框中选择"动作"，可以看到时间轴上出现一条带箭头的淡紫色的色带，表示动画插入成功。

（12）右击"文本"图层，从弹出的快捷菜单中选择"遮罩"命令，使"文本"层变为遮罩层，"图层 1"成为被遮罩层，同时"文本"层和"图层 1"被锁定。

注意：此时两图层名称前显示图标的变化及遮罩效果（见图 7-43）。

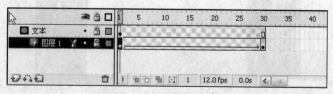

图 7-43　动画的时间轴

实验十一　激　光　文　字

一、实验目的

使用引导层实现如图 7-44 所示的激光笔绘制字母效果。

图 7-44　激光笔效果

二、实验内容

（1）新建文件，选择"修改"｜"文档"命令，弹出"文档属性"对话框。在其中设置舞台工作区的宽度为 400，高度为 300，背景为黑色。

（2）在当前图层"图层 1"的第 2 帧处，按【F6】键插入关键帧，使用工具箱中的线条工具，自左向右画直线到激光笔所在位置（见图 7-45（a））。

（3）以同样的方法在"图层 1"的第 3 帧～第 19 帧处，依次插入关键帧，并按逆时针方向连续用工具箱中的线条工具画出 F（见图 7-45）。

（a）第 2 帧　　（b）第 3 帧　　（c）第 4 帧　　（d）第 19 帧

图 7-45　利用线条工具画出 F

提示： F 的起始点和终点不是同一个点，要有距离。

（4）在图层面板中，单击左下角的"新建引导图层"按钮，新建一引导层，默认名称为"图层 2"。

（5）在"图层 2"的第 19 帧处，按【F6】键插入关键帧，使用工具箱中的钢笔工具，按照逆时针方向依次单击转折点（见图 7-46），绘制引导路径。

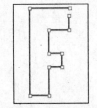

图 7-46　绘制引导层

（6）单击图层面板左下角的"新建图层"按钮，新建图层，默认名称为"图层 3"。

（7）单击"图层 3"，选择"文件"｜"导入到库"命令，在打开的"导入到库"对话框中，选择激光笔图片导入到库中。

（8）选择"窗口"｜"库"命令，打开库面板。

（9）在图层 3 的第 1 帧处，从库面板中将激光笔元件拖动到舞台工作区上 F 图的起始点处（见图 7-47（a））。同样在图层 3 的第 19 帧处，将激光笔元件的十字标记与 F 图的终点重合（见图 7-47（b））。

（a）图层 3 的第 1 帧　　　　　（b）图层 3 的第 19 帧

图 4-47　设置图层 3 的第 1 帧和第 19 帧

提示： F 图的起始点处一定要与元件编辑窗口内的十字标记对齐，否则无法沿路径运动。

（10）在图层 3 的第 1 帧和第 19 帧之间右击，在弹出的快捷菜单中选择"创建补间动画"命令，此时打开"帧"属性面板。

（11）在"帧"属性面板中的"补间"下拉列表框中选择"动作"选项，如图 7-48 所示，到此用激光笔绘制 F 图已制作完成。

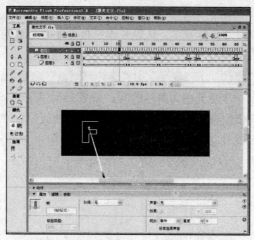

图 7-48　F 图的时间轴、层及补间动画设置

（12）鼠标单击图层面板右上方的锁按钮，给三个图层加锁后，按【Ctrl+Enter】组合键测试动画效果。

（13）以同样的方法绘制"LASH"的激光笔效果。

实验十二　随风飘落的花朵

一、实验目的

利用引导层制作一个花朵随风飘落的动画效果，如图 7-49 所示。

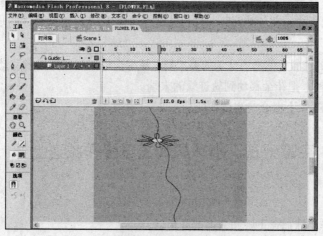

图 7-49　效果图

二、实验内容

（1）新建文件，选择"插入"｜"新建元件"命令，弹出"新建元件"对话框，在"名称"文本框里输入"花瓣"，选择"图形"单选按钮，单击"确定"按钮，打开组件编辑区。

（2）选择椭圆工具，清除描边颜色（详见椭圆工具的使用），设置一种浅蓝色的填充色，在舞台工作区上拖动绘制出一个花瓣形状的椭圆，如图 7-50 所示。

（3）按【Ctrl+L】组合键打开符号库，从符号库中拖动刚才绘制的"花瓣"符号到舞台工作区中心，可以看到"花瓣"上也有一个"+"形状的中心点。

（4）选中花瓣，选择"修改"｜"变形"｜"旋转与倾斜"命令，将花瓣旋转到合适的角度，如此制作多个花瓣，并绘制一个填充色为黄色的圆，如图 7-51 所示。

（5）按住【Shift】键，依次选中所有花瓣和圆，选择"插入"｜"转换为元件"命令，增加一个"花朵"图形元件，此时"花朵"上也有一个"+"形状的中心点，如图 7-52 所示。

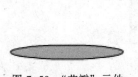

图 7-50 "花瓣"元件

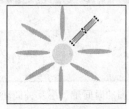

图 7-51 旋转的花瓣

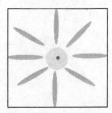

图 7-52 "花朵"元件

（6）单击"场景 1"切换到舞台工作区编辑方式，按【Ctrl+L】组合键打开库面板，拖动"花朵"元件到舞台工作区上。

（7）单击图层面板上的添加运动引导层按钮，则在当前图层的上方增加一引导层，注意图层标记的变化。

（8）选中引导层，单击工具箱中的铅笔工具，再单击"选项"区中的铅笔模式按钮，选取"平滑"铅笔模式，在舞台工作区上描绘出一条螺旋曲线，模拟花朵飘落的轨迹。

（9）在引导层的第 40 帧处按【F6】键，插入关键帧。同样在图层 1 的第 40 帧处也插入关键帧，在图层 1 的第 1 帧和第 40 帧之间右击，从弹出的快捷菜单中选择"创建补间动画"命令，在打开的"帧"属性面板中，在"补间"下拉列表框中选择"动作"，选择"同步"和"对齐"复选框。动画设置成功。

（10）调整花朵的位置。单击图层 1 的第 1 帧，使用选取工具和方向键移动花朵到轨迹线的开始处，再单击第 40 帧，把花朵移动到轨迹线的末端。

（11）按【Ctrl+Enter】组合键测试动画。

实验十三 小球的加速下降和减速上升

一、实验目的

利用引导层制作小球加速下降和减速上升运动。

二、实验内容

（1）新建 Flash 文档，按【Ctrl+J】组合键设置好舞台工作区的大小和颜色。

（2）单击绘图工具箱中的椭圆工具 ○，设置为无边框、橘黄渐增色，按住【Shift】键在舞台工作区上用橘黄圆形渐增色画一个大小适中的圆球。

提示：现在的这个圆球是体而不是实例，可对它进行重新填色，甚至可以用箭头工具选择其中一部分区域进行操作，而实例则作为一个整体出现，只能对它进行整体操作。

（3）选中这个圆球，按【F8】键把它转换成元件，元件命名为"ball"，类型为图形。这时圆球外面出现一个方框，表示小球已经成为一个实例（见图 7-53）。

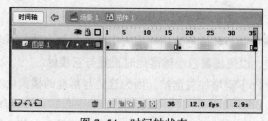

（a）小球　（b）实例

图 7-53　小球和其实例

（4）现在小球位于时间轴的第 1 帧，把小球拖动到舞台工作区的最上端，然后在时间轴第 18 帧按【F6】键插入关键帧，把实例小球从最上端拖动到最下端并将其设为形状补间动画。

（5）在第 36 帧处按【F6】键插入关键帧，为了使小球在这一帧能回到原位，把第 1 帧的内容复制到这一帧，方法如下：

右击第 1 帧，在弹出的快捷菜单中选择"复制帧"命令，或按【Ctrl+Alt+C】组合键，复制第 1 帧；同样在第 36 帧处右击，在弹出的快捷菜单中选择"粘贴帧"命令，或按【Ctrl+Alt+P】组合键，将第 1 帧的内容粘贴到第 36 帧。然后将其设为形状补间动画。可以看到在这一帧，小球又回到了起始位置。时间轴的状态如图 7-54 所示。

（6）按【Ctrl+Enter】组合键查看一下效果。看不出重力作用的感觉。

（7）单击时间轴第 1 帧，在打开的"帧"属性面板中，将"缓动"值设置为-100，如图 7-55 所示。

（8）用同样的方法双击第 18 帧，将"缓动"值设置为 100，按【Ctrl+Enter】组合键浏览动画效果。

图 7-54　时间轴状态　　　　　　　图 7-55　"帧"属性面板

提示："缓动"选项的作用是在运动的过程中产生速度上的变化，默认值为 0，即为匀速运动。当扩大值为负时，运动的物体做加速运动，相反，当扩大值为正时，运动的物体做减速运动。当扩大值的绝对值越大时，物体运动的加速度越大，物体运动时速度变化也就越快。在小球下落的过程中，速度越来越快，所以把扩大的值改为负值。需注意的是，在扩大值为-100 时，比较接近重力加速度。当小球弹起时，速度越来越慢，因此扩大值为正值。

实验十四　沿轨迹运动的小球

一、实验目的

学会用引导层做一个简单的物理实验的模拟。橘黄色的小球从空中落下，落地瞬间与地上静止的绿色小球发生碰撞，两球均沿不同轨迹飞出界面，运动轨迹如图 7-56 所示。

二、实验内容

（1）重复实验十三中的第（1）步～第（4）步。

（2）右击"图层 1"，在弹出的快捷菜单中选择"属性"命令，弹出"图层属性"对话框，命名为"Orange ball"，如图 7-57 所示。

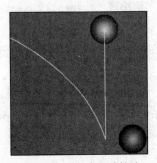

图 7-56　小球运动轨迹

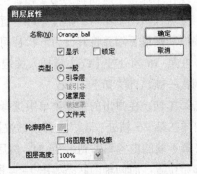

图 7-57　"图层属性"对话框

（3）选中"Orange ball"图层，单击图层面板中的 按钮，增加一个引导线图层。

提示：在 Flash 中，允许多个图层与同一个引导线图层关联，也就是说可以有多个对象沿同一个路径运动。上述操作仅为图层 1 添加引导层。

有铅笔标志的层表示正在编辑的层。

（4）在图层面板中，单击 按钮，新增图层，并命名为"Green ball"。

（5）单击绘图工具箱中的椭圆工具，选择绿色圆形渐增色绘制一个大小和橘黄色小球差不多的小球，并把它移动到橘黄色小球下方偏右一点，以便橘黄色小球落地时正好与它接触。

（6）在"Green ball"图层的第 18 帧处按【F6】键增加关键帧，因为这是与落地的橘黄色小球碰撞产生运动的起始位置。

（7）在"Green ball"图层的第 36 帧，按【F6】键增加关键帧，并把绿色小球横向右移出舞台工作区。

（8）让绿色小球动起来。单击"Green ball"图层的第 18 帧，弹出"帧"属性面板，在"补间"下拉列表框中选择"动作"，这样在第 18 帧～第 36 帧之间会有一个实箭头。绿色小球的动画部分就做好了。

（9）让橘黄色小球在与绿色小球碰撞后沿指定的路线飞出画面。

① 单击橘黄色小球所在层"Orange ball"，单击图层面板中的 按钮，插入引导层。

提示：选中橘黄色小球层后，再增加引导层，这样该引导层就是橘黄色小球的引导层，否则就是所有图层的引导层，因为一个引导层可引导多个图层。

② 在引导层上画一条路径。选中引导层，用绘图工具箱中的铅笔工具或直线工具画路径的直线部分，然后用椭圆工具画不填充的椭圆，用箭头工具取其中一段作为路径的曲线部分。

③ 路径画好后，单击层"Orange ball"的第 1 帧，在弹出的"帧"属性面板中，选择"调整到路径"复选框（见图 7-58）。对第 18 帧进行相同的操作。

④ 回到第 1 帧，选择绘图工具箱中的选取工具，单击橘黄色小球中心附近并把它拖到路径直线的最上端。在接近端点时，小球中心会自动吸附在端点上。在第 18 帧，把橘黄色小球拖动到路径直线的下端，在第 36 帧，拖动到曲线的末端。设置完毕，时间轴窗口如图 7-59 所示（绿色小球所在层位于橘黄色小球所在层上面还是下面无关紧要）。

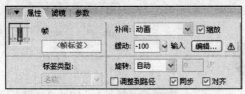

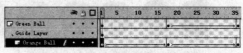

图 7-58　"帧"属性面板　　　　　图 7-59　运动小球的时间轴窗口

（10）按【Ctrl+Enter】组合键测试动画效果。

提示：如果发现橘黄色小球并没有沿指定路线移动，表明关键帧中小球的位置不对，未能真正处于路径的端点，试着调整有问题部分的关键帧中橘黄色小球的位置。一次不行，可多次调整。

实验十五　跟随鼠标移动的小球

一、实验目的

利用帧动作制作随鼠标移动的小球，如图 7-60 所示。

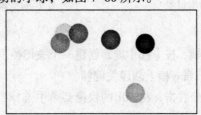

图 7-60　"跟随鼠标移动的小球"的动画效果

二、实验内容

（1）绘制小红球元件

① 选择 "插入" ｜ "新建元件"命令，弹出"创建新元件"对话框，在该对话框中的"名称"文本框中输入"球"，选择"影片剪辑"单选按钮，单击"确定"按钮，进入"球"影片剪辑元件编辑区。

② 在"球"图形元件的舞台工作区中，以舞台工作区的中心十字为圆心绘制一个红色立体小球。

③ 单击"球"图形元件编辑窗口左上角的场景名称"场景 1"图标，回到主场景。此时，库面板中已创建了名为"球"的图形元件。

（2）制作主场景

① 选择"窗口"｜"库"命令，打开库面板，然后将库面板中的"球"图形元件拖动到主场景的舞台工作区中，此时舞台工作区中出现一个小红球。

② 再连续往主场景的舞台工作区中拖动 5 个"球"实例。此时舞台工作区中将出现 6 个小红球，调整 6 个小红球的位置，使它们横向排列，如图 7-61 所示。

③ 单击舞台工作区中最左边的小红球，选中它，在其属性面板的"Symbol Behavior"下拉列表框中选择"影片剪辑"，在下拉列表框下面的文本框中输入"1"，即最左边小球实例的名称为"1"，如图 7-62 所示。

图 7-61　舞台工作区中的 6 个小红球　　　　图 7-62　第 1 个小球的属性面板设置

④ 按照同样的方法，将第 2 个～第 6 个小红球依次进行设置，它们的实例名称分别为 2、3、4、5 和 6。

⑤ 单击舞台工作区中最左边的小红球，然后在其属性面板的"颜色"下拉列表框中选择"Alpha"（透明度）。在该列表框右边的文本框中输入"15%"，此时，小红球变为透明（见图 7-63）。

⑥ 按照上述方法，依次将第 2 个～第 6 个小红球的透明度改为 30%、45%、60%、75% 和 100%，如图 7-64 所示。然后再利用它们的属性面板，进行大小的调整（见图 7-64）。

图 7-63　透明度设置　　　　图 7-64　调整透明度后的小红球

（3）加入脚本程序

① 单击"图层 1"的第 2 帧，按【F6】键，创建一个关键帧。然后分别在"图层 1"的第 3 帧～第 6 帧上创建关键帧。

② 在"图层 1"的第 1 帧处右击，在弹出的快捷菜单中选择"动作"命令，打开帧动作面板。

③ 在帧动作面板中，单击 ➕ 中的下箭头，在弹出的下拉菜单中选择"全局函数"｜"影片剪辑控制"｜"startDrag"命令，此时在帧动作面板的程序编辑区将出现 startDrag();，输入参数"1"，如图 7-65 所示。

说明：在场景中，影片剪辑元件就是一个目标，"1"定义这个目标的名称，在编程中可通过这个名称调用该目标。

④ 根据上面所述的方法，进行其他帧的帧动作面板设置。

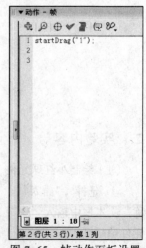

图 7-65　帧动作面板设置

第 2 帧 "startDrag" 的参数为 "2"。

第 3 帧 "startDrag" 的参数为 "3"。

第 4 帧 "startDrag" 的参数为 "4"。

第 5 帧 "startDrag" 的参数为 "5"。

第 6 帧 "startDrag" 的参数为 "6"。

（4）测试动画

按【Ctrl+Enter】组合键测试动画，红色小球跟随鼠标移动，并留下逐渐变小和逐渐透明的红色小球轨迹。

提示：若将红色小球改为十字线或其他图形，可创作出更有趣的动画。

实验十六　背　景　音　乐

一、实验目的

学会添加背景音乐。

二、实验内容

（1）打开已完成的任一动画，给此动画添加背景音乐。

导入动画要使用的背景音乐。选择"文件"｜"导入"命令，弹出"导入"对话框，选择扩展名为.wav 的声音文件，单击"打开"按钮。按照此方法再导入一个声音文件。按【Ctrl+L】组合键打开符号库，即可看到导入的声音文件。

（2）新建图层，命名为"背景音乐 1"。单击"背景音乐 1"的第 1 帧，在打开的"帧"属性面板中，从"声音"下拉列表框中选择刚才导入的音乐，从"效果"下拉列表框中选择一种效果，从"同步"下拉列表框中选择"事件"。设置完毕后可以看到当前图层上添加了声音波形（见图 7-66）。

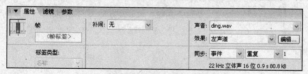

图 7-66　"帧"属性面板设置

（3）新建图层"背景音乐 2"，在打开的"帧"属性面板中，从"声音"下拉列表框中选择另一导入的音乐，从"效果"下拉列表框中选择一种效果，从"同步"下拉列表框中选择"数据流"。设置完毕后可以看到当前图层上添加了声音波形，如图 7-67 所示。

图 7-67　声音波形

（4）按【Ctrl+Enter】组合键测试影片，可以听到添加的两种背景音乐。

实验十七　淡入淡出（色彩特效）

一、实验目的

学会利用实例的 Alpha 属性制作文字的淡入淡出效果。

二、实验内容

（1）新建 Flash 文档，选择"插入"｜"新建元件"命令，新建名为"欢迎"的元件，并进入"欢迎"元件编辑状态。

（2）在"欢迎"元件的编辑窗口中，以"+"为中心，输入文字"春磊网站欢迎你"，如图 7-68 所示。

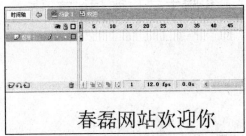

图 7-68　元件编辑窗口

（3）在时间轴窗口中，单击"场景 1"，回到"场景 1"编辑窗口。

（4）选择"窗口"｜"库"命令，在打开库面板的第 1 帧处，将"欢迎"元件拖至舞台工作区中央。

（5）选中"欢迎"实例，在属性面板中，选择"颜色"列表框中的"Alpha"，并设置值为 0%，如图 7-69 所示。

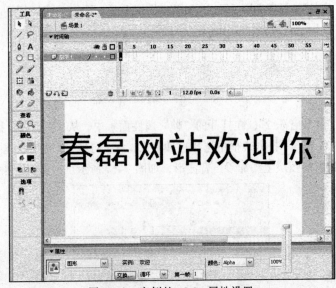

图 7-69　实例的 Alpha 属性设置

（6）在第 10 帧处按【F6】键，插入关键帧，并选中"欢迎"实例，在属性面板中，将 Alpha 值设置为 100%。

（7）用同样的方法，在第 20 帧处按【F6】键，插入关键帧，并在属性面板中，将"欢迎"实例的 Alpha 值设置为 0%，此时时间轴状态如图 7-70 所示。

图 7-70　时间轴状态

（8）按【Ctrl+Enter】组合键测试动画，出现淡入淡出效果。

提示：打散的文字及绘制的图形均无 Alpha 属性，只有实例 Alpha 属性。实例的色彩属性还包括以下几个。

- 亮度：调整符号颜色的亮度。
- 浓淡：调整符号颜色的浓淡。
- Alpha：调整符号的透明度。
- 高级：综合上面三个特效功能。

上 机 练 习

练习一　多图层动画的制作

综合利用 Flash 知识点，制作一个由多个图层组成的动画，动画播放过程中，杯子及杯中的水不断减少，人不停地用刀砍树，并伴有"唰唰"的砍树声，如图 7-71 和图 7-72 所示。

图 7-71　第 1 帧画面

图 7-72　最后 1 帧画面

练习二　遮罩效果——霓虹灯

利用遮罩层制作霓虹灯效果，共三层组成，各层内容如图 7-73～图 7-76 所示，时间轴状态如图 7-77 所示。

图 7-73　图层 1 的文字

图 7-74　图层 2 的框线文字

图 7-75　图层 3 的遮罩层实例

图 7-76　图层 1 和图层 2 叠加效果

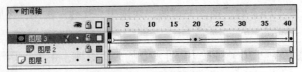

图 7-77 时间轴状态

补 充 知 识

一、简答题

1. 在 Flash 中可以创建哪几种形式的动画？

   动作动画和形状动画。

2. 在制作渐变动画之前，首先要记住哪些准则？

   创建关键帧、层和需要的元件，并设置渐变方式。

3. 在 Flash 中使用元件的优点是什么？

   可重复使用减少动画的大小。

4. 使用 Flash 制作交互动画的过程中，事件、目标、动作三者之间的关系是什么？

   事件可以用来触发动作，是 Flash 动画中创建交互的关键。在 Flash 中，事件分为两种：帧事件（Frame Events）和鼠标事件（Mouse Events）。每当事件触发时会去执行动作代码，动作代码中可以指定要完成的任务，比如在新窗口中打开网页、播放音乐等，这就是目标（Target）。

二、选择题

1. 以下（ A ）不是 Flash 的物体原形（Symbol）。

   A. Scene B. Movie Clip C. Graphic D. Button

2. 在 Flash 中创建关键帧 Keyframe 的快捷键是（ C ）。

   A. F1 B. F5 C. F6 D. F9

3. Flash 中的橡皮擦工具可以擦除（ D ）区域。

   A. 整个图形 B. 仅外部轮廓线 C. 仅内部颜色 D. 外轮廓线或内部颜色

4. 可以用作选择对象的绘图工具不包括（ D ）。

   A. 选取工具 B. 套索工具 C. 部分选取工具 D. 铅笔工具

5. 以下（ D ）不是 Flash 中的文本类型。

   A. Static Text B. Dynamic Text C. Input Text D. Output Text

三、填空题

1. Flash 渐变动画分为动作动画和形状动画。

2. Flash 制作动画就是以关键帧为基础的帧动画，每一个由 Flash 制作出来的动画作品，都是以时间为基础，由先后排列的一系列帧组成的。

3. 普通层是在场景的基础上建立的，运动引导层则是一个新的层，在应用中必须制定是哪个层上的普通层。

4. 用来控制电影时间线的位置，使它跳转到一个特定的帧数、帧标记或场景，并从该处停止或开始放映的动作是 gotoAndplay([scene,] frame)。

第 **8** 章 图像处理软件 Photoshop

实 验 指 导

实验 绘制水晶水果

一、实验目的

1. 掌握 Photoshop CS2 的基本操作。
2. 熟练创建和编辑选区。
3. 掌握绘制和编辑图像、图形。
4. 熟练操作和管理图层。
5. 掌握滤镜特效。

二、实验内容

以葡萄为主题设计一个水晶葡萄，要求运用绘图工具、选区工具、图层管理工具和滤镜工具等。本实验完成的最终效果如图 8-1 所示。

图 8-1 最终效果

设计水晶壁纸的主要步骤：

- 绘制葡萄：绘制单粒葡萄轮廓，修饰外观，通过复制形成一串葡萄。
- 绘制葡萄叶：绘制叶子轮廓和经脉线条，用多种工具加以修饰。
- 添加倒影：为绘制的葡萄添加镜面倒影。
- 绘制背景：设置适当的背景，完成水果造型设计。

1. 绘制葡萄

（1）创建文件

选择"文件"｜"新建"命令，弹出"新建"对话框。将文件命名为"水晶葡萄"，其他设置如图 8-2 所示。

（2）绘制单粒葡萄轮廓

单击 ⬛ 按钮创建新图层"图层 1"，用"椭圆选框工具" ⬭ 绘制一颗葡萄的轮廓，用紫色（R:139,G:90,B:179）作为前景色进行填充，如图 8-3 所示。

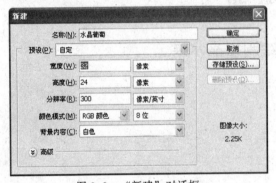

图 8-2   "新建"对话框

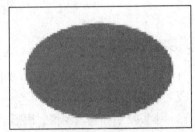

图 8-3   葡萄轮廓

提示：填充的快捷键为【Alt+Delete】，按【Ctrl+D】组合键可以取消选区。初学者尝试记忆一些常用快捷键可以有效提高工作效率。

（3）设置发光和阴影

双击"图层 1"名称后的空白区域，弹出"图层样式"对话框，设置"内阴影"颜色为暗紫色（R:130,G:80,B:159），其他设置如图 8-4 所示。

设置"外发光"颜色为暗紫色（R:170,G:122,B:199），其他设置如图 8-5 所示。

效果如图 8-6 所示。

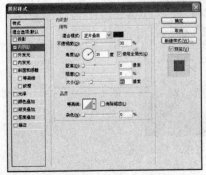

图 8-4　设置"内阴影"选项区域

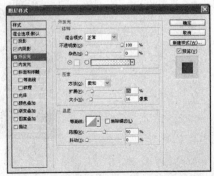

图 8-5　设置"外发光"选项区域

（4）修饰

按住【Ctrl】键，单击"图层"面板上的"图层 1"，载入选区。新建"图层 2"，用"画笔工具"
（参数设置见图 8-7），以白色（R:255,G:255,B:255）绘制图形，效果如图 8-8 所示。

图 8-6　发光和阴影效果　　　　　　图 8-7　"画笔工具"选项栏

选择"滤镜"｜"模糊"｜"高斯模糊"命令，设置"半径"为 32，效果如图 8-9 所示。

用"椭圆选框工具" 绘制椭圆，按【Ctrl+Enter】组合键选中后新建"图层 3"。在"图层
3"中选择"渐变填充工具" ，以白色前景到透明的线性渐变方式填充椭圆选区（见图 8-10），
"渐变填充工具"选项栏如图 8-11 所示。

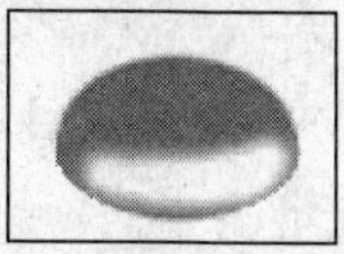

图 8-8　画笔绘制结果　　　图 8-9　"高斯模糊"结果　　　图 8-10　渐变填充效果

图 8-11　"渐变填充工具"选项栏

（5）管理图层

链接"图层 1"、"图层 2"、"图层 3"，按【Ctrl+E】组合键合并链接图层为"图层 1"。

（6）旋转图像

使用"自由变换"调节框（按【Ctrl+T】组合键），拖动控制点调整葡萄的角度，按【Enter】键确
定，如图 8-12 所示。

（7）复制

载入"图层 1"（方法参考步骤 4），按住【Shift+Alt】组合键，用移动工具 拖动葡萄颗粒
实现移动复制，如图 8-13 所示。重复复制，并进行适当的角度调整，直到构成一串葡萄为止，
效果如图 8-14 所示。

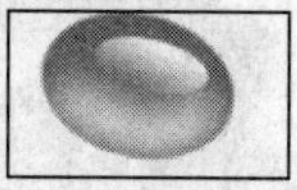

图 8-12　旋转效果　　　　　　图 8-13　移动复制

2．添加葡萄叶

（1）绘制葡萄叶

新建"图层 2"，选择"钢笔工具" ，用"自由钢笔" 绘制路径作为葡萄叶。路径参考
图 8-15 所示。然后用绿色（R:50,G:107,B:31）填充。

（2）修饰葡萄叶

打开"图层 2"的"图层样式"对话框，在其中设置"内阴影"为绿色（R:75,G:189,B:29）（见
图 8-16），"内发光"为绿色（R:129,G:249,B:21）（见图 8-17），设置"描边"为绿色（R:21,G:92,B:49）

（见图 8-18），修饰效果如图 8-19 所示。

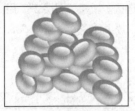

图 8-14　多次复制后的效果

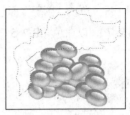

图 8-15　绘制葡萄叶

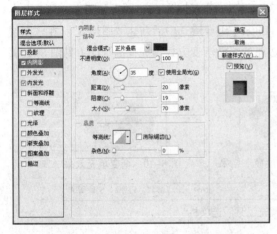

图 8-16　设置"内阴影"选项区域

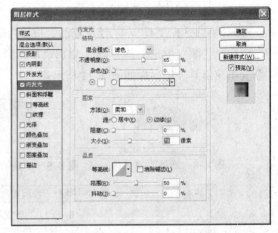

图 8-17　设置"内发光"选项区域

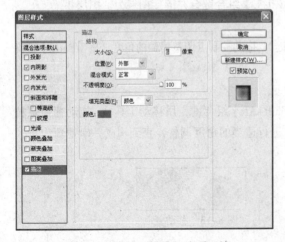

图 8-18　设置"描边"选项区域

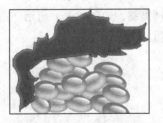

图 8-19　修饰效果

（3）绘制叶脉、叶柄

新建"图层 3"，使用"钢笔工具" 绘制路径作为叶脉，如图 8-20 所示。

选择"渐变填充工具" ，在"渐变编辑器"中，设置从位置 0（R:215,G:229,B:203）到位置 100（R:113,G:165,B:108）以"线性渐变"方式填充叶脉以上的葡萄叶。填充效果如图 8-21 所示。

图 8-20 绘制叶脉

图 8-21 填充效果

新建"图层 4"，在图层 4 中绘制更多路径作为叶脉，如图 8-22 所示，并以绿色（R:180,G:212,B:169）填充，如图 8-23 所示。

新建"图层 5"，在图层 5 中绘制叶柄，以"线性渐变"方式填充，设置位置 0 颜色（R:188,G:110,B:50），位置 100 颜色（R:240,G:220,B:200），效果如图 8-24 所示。选择"加深工具"，按如图 8-25 所示的设置在叶柄上涂抹，效果如图 8-26 所示。

图 8-22 绘制叶脉

图 8-23 填充效果

图 8-24 叶柄填充效果

图 8-26 加深效果

图 8-25 "加深工具"选项栏

提示："加深工具"可以通过选择"减淡工具" ✎ 后按【Shift+O】组合键切换得到。

打开"图层 5"的"图层样式"对话框，设置"光泽"颜色为棕色（R:180,G:130,B:50）（见图 8-27）。设置"描边"颜色为棕色（R:150,G:93,B:50）（见图 8-28）。执行效果如图 8-29 所示。

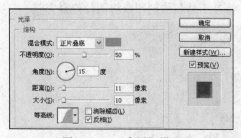

图 8-27 "光泽"设置

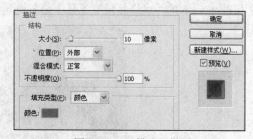

图 8-28 "描边"设置

3. 添加倒影

（1）创建"图层 1 副本"图层，使用"自由变换"添加倒影，设置当前图层"不透明度"为 15%。然后拖动"图层 1"到"图层 1 副本"上面，得到效果如图 8-30 所示。

（2）添加阴影。首先创建"图层 6"，绘制椭圆选区，并填充颜色（R:180,G:150,B:200），如图 8-31 所示。然后选择"滤镜"｜"模糊"｜"高斯模糊"命令，设置"半径"为 98。最后将"图层 6"拖动到"背景"图层上，得到效果如图 8-32 所示。

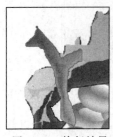
图 8-29　执行效果

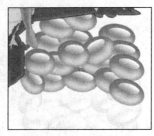
图 8-30　倒影效果

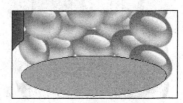
图 8-31　阴影填充效果

4．设置背景

单击"背景"图层，使用"渐变填充工具" ⬛，自选填充方式，将背景设置成自己喜欢的颜色和效果。然后再创建新层"图层 7"置于"背景"图层上，绘制椭圆选区，并填充白色（R:255,G:255,B:255），如图 8-33 所示。接下来，进行半径为 88 像素的高斯模糊，得到图 8-34。将最终效果（如图 8-1）保存到指定目录下。

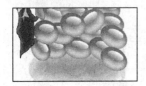
图 8-32　执行效果

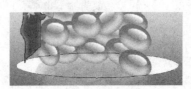
图 8-33　椭圆选区

图 8-34　高斯模糊效果

上 机 练 习

练习　修补老照片

如图 8-35 所示是一张老照片，其中照片四周有些破损，天安门城楼的屋顶有划痕，请灵活运用 Photoshop 的污点修复画笔工具、修复画笔工具、修补工具和仿制印章将图片修复完整。

图 8-35　老照片

第二部分 习题解答

第 1 章 | 计算机基础知识

习 题 一

一、简答题

1. 计算机硬件系统包括哪些部件，每个部件的功能是什么？

计算机硬件主要由存储器、运算器、控制器、输入设备和输出设备五大部分组成。

运算器与控制器统称为中央处理器（Central Processing Unit，CPU）。运算器在控制器的控制下，完成算术运算和逻辑运算，它在运算过程中，不断从主存储器中取数据，并把所得结果写入主存储器。

内存储器和外存储器统称为存储器。主存储器简称内存，它的存取速度快，工作效率高。CPU可以直接读取 Cache 和内存中数据。

外存储器又称为辅助存储器，简称外存，包括软盘、硬盘、优盘和读写光盘等，外存储器一般用来存储需要长期保存的各种程序和数据。它不能被 CPU 直接访问，必须先调入内存才能被CPU 利用。与内存相比，外存存储容量比较大，但速度比较慢。

外存储器、输入设备和输出设备统称为外部设备。

输入设备是给主机输入信息的设备，常见的有键盘、鼠标等。输入信息通过输入设备转换成计算机能识别的二进制代码，送入存储器保存。

输出设备负责将计算机加工处理的结果打印或显示出来。常见的输出设备有显示器、打印机、音箱。

2. 内存和外存的区别是什么？

内存存储正在运行的数据，用于临时存储数据，当计算机断电后，内存数据为空；外存储器用来存储需要长期保存的各种程序和数据。

CPU 不能直接访问外存中的数据，必须将数据先调入内存才能使用，但可直接访问内存中的数据。

3. 简述计算机存储容量的单位。

字节 B、KB、MB、GB 和 TB，它们之间的关系如下：

1KB=2^{10}B=1 024B

1MB=1 024KB

1GB=1 024MB

1TB=1 024GB

4. 简述 AT 结构和 ATX 结构主板的区别。

AT 结构：以前常用，它的特征是串口和打印口等需要用电缆连接后安装在机箱后框上。

ATX 结构：主板不仅布局更合理，而且它将所有的 I/O 接口都集成在主板上，减少了机箱内的走线。目前用的都属于此类。

5. CPU 包括哪几部分？简述各部分的功能。

CPU 包括：运算器、控制器和寄存器。

运算器：实现数据的算术运算和逻辑运算。其内部有一个算术逻辑运算部件 ALU。功能：

（1）实现对数据的算术和逻辑运算。

（2）挑选参加运算的数据，选择要执行的运算功能。

控制器：指挥计算机各部件按照指令功能的要求进行操作。它从存储器中取指令，并分析、解释、执行计算机指令，产生控制信号，控制计算机各部件协调工作，实现相应的功能。

寄存器：暂存参加运算的数据和中间运算结果。

6. 硬盘原理及特点是什么？

原理为 IBM 的"温彻斯特"（Winchester）技术，意思即"密封、固定并高速旋转的镀磁盘片，磁头沿盘片径向移动，磁头悬浮在高速转动的盘片上方，而不与盘片直接接触"。所以也把硬盘叫作"温盘"。

作为存储设备，硬盘具备如下特点：

（1）容量大：目前微机的硬盘容量大约为 120GB。

（2）成本低，可靠性高：作为可擦写的应用软件和数据载体，硬盘有着无可替代的作用。

（3）方便性：移动硬盘容量大、速度快、携带方便、即插即用等特点是需要经常备份和转移数据的用户所迫切需要的性能。

7. 硬盘驱动器的主要参数有哪些？

（1）容量：硬盘的容量是指硬盘最多能存放数据的多少，一般用 MB 或 GB 作为单位来表示。早期的硬盘的容量有 200MB、512MB、800MB 等，后来硬盘容量不断增大，出现了 15GB、20GB、40GB、80GB、120 GB、200GB 等容量的硬盘。

（2）速度：硬盘的速度是指硬盘的数据传输率，是硬盘重要指标之一。

硬盘的主轴转速一般为 5 400r/min，现在主轴转速为 7 200r/min 的硬盘逐渐成为主流。

（3）平均寻道时间：是指硬盘在工作时查找某一扇区数据段所用的平均时间，一般以 ms（毫秒）为单位，数值越小，说明硬盘的速度越快。

（4）Cache 的大小：是硬盘内部存放数据的缓存，数据先由盘片读入 Cache 中，然后再由 Cache 读入内存中。现在 Cache 的容量一般为 256KB、512KB 或 2MB。

（5）稳定性：衡量硬盘稳定性的指标是 MTBF（平均无故障时间），单位是小时。许多硬盘的 MTBF 已经达到 50 万小时以上。

8. 主板包括哪些主要部件？

CPU 插槽、内存条插槽、扩展卡插槽、高速缓存（Cache）芯片组、CMOS 和 BIOS、各种接口、键盘和电源插座、跳线、指示灯、功能按钮接头、振荡晶体、电池等。

二、选择题

1. 关于汉字编码，以下正确的论述是（　D　）。
   - A. 五笔字型码是汉字机内码
   - B. 宋体字库中也存放汉字输入码的编码
   - C. 在屏幕上看到的汉字是该字的机内码
   - D. 汉字输入码只有被转换为机内码才能被传输并处理

2. 一个完整的计算机系统应包括（　A　）。
   - A. 硬件系统和软件系统
   - B. 主机和外部设备
   - C. 运算器、控制器和存储器
   - D. 主机和实用程序

3. 在计算机中通常是以（　C　）为单位传送信息的。
   - A. 字长
   - B. 字节
   - C. 位
   - D. 字

4. 当你正在编辑某个文件时，突然断电，则计算机中（　C　）全部丢失。
   - A. RAM 和 ROM 的信息
   - B. ROM 的信息
   - C. RAM 的信息
   - D. 硬盘的信息

5. 配置高速缓冲存储器（Cache）是为了解决（　C　）。
   - A. 内存与辅助存储器之间速度不匹配问题
   - B. CPU 与辅助存储器之间速度不匹配问题
   - C. CPU 与内存储器之间速度不匹配问题
   - D. 主机与外设之间速度不匹配问题

6. 我们常说的 32 位微机指的是（　C　）。
   - A. CPU 地址总线是 32 位
   - B. 这样的微机中一个字节表示 32 位二进制。
   - C. CPU 可以同时处理 32 位二进制数据。
   - D. 扩展总线是 32 位。

7. 计算机性能主要取决于（　A　）。
   - A. 字长、运算速度、内存容量
   - B. 磁盘容量、显示器分辨率、打印机的配置
   - C. 所配备的语言、所配备的操作系统、所配备的外部设备
   - D. 计算机的价格、所配备的操作系统、所使用的软盘类型

8. 在计算机内部，数据是以（　A　）形式加工、处理和传送的。
   - A. 二进制码
   - B. 八进制码
   - C. 十六进制码
   - D. 十进制码

9. 将一张软盘设置写保护后，则对该软盘来说，（　B　）。
   - A. 不能读出盘上的信息，也不能将信息写入这张盘
   - B. 能读出盘上的信息，但不能将信息写入这张盘

    C. 不能读出盘上的信息，但能将信息写入这张盘

    D. 能读出盘上的信息，也能将信息写入这张盘

10. 在计算机领域中，通常用英文单词"Byte"表示（ D ）。

    A. 字   B. 字长   C. 二进制位   D. 字节

11. 在 Windows 系统中，下列（ A ）不属于声音文件格式。

    A. AVI   B. MP3   C. WAV   D. MID

12. 下列软件中（ C ）不属于多媒体播放软件。

    A. 超级解霸   B. RealMedia Player   C. Flash   D. Windows Media Player

13. 计算机软件系统一般包括系统软件和（ B ）。

    A. 字处理软件   B. 应用软件   C. 管理软件   D. 数据库软件

14. 既能向主机输入数据，又能接受主机输出数据的设备是（ C ）。

    A. CD-ROM   B. 显示器   C. 软盘驱动器   D. 光笔

15. 一张软盘上原存的有效信息，会丢失的环境是（ C ）。

    A. 通过海关监视仪的 X 射线扫描   B. 放在盒内半年没有使用

    C. 放在强磁场附近   D. 放在-10℃的库房中

16. 3.5 英寸软盘的写保护窗口已经打开，此时（ B ）。

    A. 只能读盘，不能写盘   B. 既能读盘，又能写盘

    C. 只能写盘，不能读盘   D. 不能读盘，也不能写盘

17. 使用计算机时，开关机顺序会影响主机寿命，正确的方法是（ C ）。

    A. 开机：打印机、主机、显示器；关机：主机、打印机、显示器

    B. 开机：打印机、显示器、主机；关机：显示器、打印机、主机

    C. 开机：打印机、显示器、主机；关机：主机、显示器、打印机

    D. 开机：主机、打印机、显示器；关机：主机、打印机、显示器

18. 同时按下【Ctrl+Alt+Del】组合键的作用是（ B ）。

    A. 停止微机工作   B. 使用任务管理器关闭不响应的应用程序

    C. 立即热启动微机   D. 冷启动微机

19. 平时所说的 CD-ROM 为（ B ）。

    A. 光驱   B. 只读光盘   C. 可读写光盘   D. 光存储介质

20. 平时说 2.0GHz 的 CPU 是指（ B ）。

    A. CPU 的运算速度   B. CPU 的时钟频率

    C. 内存容量   D. 内置的 Cache 容量

三、填空题

1. CPU 的发展经历了 <u>8088</u>、<u>80286</u>、<u>80386</u>、<u>80486</u> 和 <u>586（奔腾）</u> 五个时代。

2. CPU 生产厂商有 <u>Motorala</u>、<u>Intel</u>、<u>AMD</u>、<u>Cyrix</u> 等。

3. 显卡的几项主要指标：<u>最大分辨率</u>、<u>色深</u>、<u>刷新频率</u>、<u>显示内存</u>等。

4. 若分辨率为 640×480，色深为 8 位时，要存储则显存容量要不小于 $640×480×8/8/1\,024=300KB$。

5. 输出设备包括<u>显示器</u>、<u>打印机</u>和<u>绘图仪</u>等。

6. 机箱的作用是将主机内的各组成部件固定起来，并且在面板上提供用于控制计算机的按钮和显示计算机工作状态的指示灯。

7. 计算机系统中的输入设备主要是指键盘、扫描仪、鼠标、手写板、条形码识别器和游戏摇杆等。

8. 鼠标按其工作原理来分，有机械式鼠标、光电式鼠标、光电机械式鼠标几种。

9. 主板（Mainboard）又称为系统板（Systemboard），是计算机系统中最大的一块电路板，是主机的核心部件，主要负责协调系统各部分的工作，是计算机的中枢神经系统。

10. 根据主板的设计模式，将主板分为 AT 结构和 ATX 结构。

11. 存储器，一般分为内存和外存。通常内存是指内存条也称为主存储器。

12. 外存也称为辅助存储器，通常指硬盘、软盘、磁带、光盘等，特点是存储容量大，但速度慢。

13. 按存储中的内容是否可变，将内存分为只读存储器（ROM）与随机存储器（RAM）。

14. 市场上常见的内存条品牌有：Kingston（金士顿）、KingMax（胜创）、HY 现代、SEC 三星、Gell 金邦金条等。

15. CMOS 的设置主要是硬盘设置、软驱设置、A 盘或 C 盘启动顺序设置、以及密码设置等。

四、上机操作题

1. 观察你所使用的计算机，回答以下问题：

- 该计算机的处理器是什么型号？有几级缓存？是哪个公司的产品？
- 该计算机的内存是多少？能否再扩充？
- 有几个 USB 接口？
- 你使用过优盘吗？与软盘相比，它有哪些优点？
- 计算机有光驱和软驱？两者有什么不同？

Pentium 4，有两级缓存，是 Intel 公司的产品。

内存为 512MB，还有一个空闲的扩展槽，可以再扩充。

4 个 USB 接口。

优盘比软盘的容量大。

光盘用光驱来识别，软盘用软驱识别。

2. 认识实物（略）。

3. 调查市场，配置一台性能/价格比较高的计算机。

配件名称	型号	价格（元）
CPU	Intel 赛扬 D326 2.53GHz（三年盒）	305
内存	金泰克 磐虎 512MB DDRII 533	320
硬盘	WD 鱼子酱 80GB 7200r/min 8Mbit/s（串口）	400
主板	双敏 URC410NS	570
显卡	主板集成	—
显示器	美格 770XC+	799
声卡	主板集成	
网卡	主板集成	

续上表

配 件 名 称	型 　 号	价 格 （元）
光驱	华硕 E616A（黑）静音王	180
音箱	麦博 M-111	90
机箱、电源	自选机箱+航嘉 磐石 300	120+150
鼠标、键盘	双飞燕 KBS-7620 套装（黑色）	65
合计		2 999

配置点评：适合组建入门级平台的用户选择。采用目前低端性价比之王赛扬 D 326 处理器搭配 512MB DDR Ⅱ 533 内存和整合 X300 图形显示核心的 RC410 主板的组合。X300 图形显示核心即使面对下一代操作系统 Windows Vista 也不会被淘汰。而主板带的 PCI-E 扩展插槽可以随时满足用户提升图形处理能力的需求。

五、名词解释

1. 位（bit）：在计算机中就是一个"0"或一个"1"，通常用"b"表示。

字节（Byte）：由 8 位二进制数构成，通常用"B"表示。（1B=8bit）

MHz：是频率单位(兆赫),在单位时间（1 秒）内所产生的脉冲(波形)个数称为频率。

2. 总线（BUS）：是指连接计算机各部件之间的一束公共信息线，它是计算机中传送信息代码的公共途径。

地址总线：微机用来传送地址信息的信号线。地址线的数目决定了直接寻址的范围。

数据总线：传送数据和代码的总线，通常为双向。

控制总线：传送控制信号的总线，用来实现命令或状态传送、中断请求、DMA 传送控制，以及提供系统使用的时钟和复位信号等。

3. 中央处理器：简称 CPU，由控制器、运算器与内存储器合在一起，制成一块芯片，它负责指挥整个计算机的工作。

主频：即 CPU 的时钟频率（CPU Clock），表示在 CPU 内数字脉冲信号震荡的速度（CPU 每秒钟能够完成的运算的次数），一般用 MHz 来表示。

数据宽度：是指 CPU 一次能够并行处理的数据位数。

4. 只读存储器：英文名称为 ROM，这种存储器中保存的内容不能更改。

随机存储器：它与 ROM 不同，其内容可以重复写入。它可暂时保存 CPU 运行所需的程序与数据，当系统掉电后，RAM 中的内容又会消失。

5. 内存条的速度：一般是指内存的存取时间，一般以 ns（纳秒）为单位。

6. 硬盘：是指计算机上的存储设备，其外形似一个四方的金属盒子，底层控制电路板裸露在腹部，尾部是与计算机主板连接的信息接口、电源接口和设置属性的跳线。盒子内部密封了硬质铝合金盘片、磁头、磁头臂、磁头臂服务定位系统等部件。

柱面：柱面是指硬盘中每张磁盘上编号（位置）相同的磁道集合。

磁道：磁道是以轴孔为中心的同心圆。0 磁道中存有引导记录和文件分配表（FAT）等信息。

7. 显卡：显卡又叫显示适配器，是主机与显示器之间的连接部件。

刷新频率：是指影像在显示器上更新的速度，也即影像每秒钟在屏幕上出现的帧数，单位为赫兹（Hz）。

色深（颜色数）：一般以多少色或多少位（bit）色来表示。

分辨率：一般以横向像素数×纵向像素数来表示，比如：标准 VGA 显示卡的最大分辨率为 640×480。

显示器的尺寸：指的是荧光屏对角线的长度，以英寸为单位表示。

第 **2** 章 | 中文操作系统 Windows XP

习　题　二

一、简答题

1. 如何理解"文件夹"和"文件"的概念？

文件是指存储在磁盘上的信息的集合，包含数字、图像、声音、文本、程序等。每个文件都必须有一个文件名，操作系统通过文件名对文件进行管理存、取、执行等操作。

文件夹是用来组织磁盘文件的一种数据结构，类似于 DOS 下树状目录结构。用户利用文件夹把文件分成不同的组，如同桌子的抽屉或文件袋。

2. 运行程序有几种方法？简述每一种方法的操作步骤。

双击桌面上的快捷方式图标；选择"开始"｜"程序"命令用鼠标单击应用程序名；选择"开始"｜"运行"命令，在弹出的对话框中输入应用程序的启动文件的路径。

3. 什么是剪贴板？其工作原理是什么？

剪贴板是内存的一部分，具有断电后内容消失的特点，暂时存放复制或剪贴的内容。

4. 说明文档和应用程序之间的关系。

应用程序是为了解决某一现实问题而开发形成的一组文件。文档是由应用程序创建的结果。如使用 Word 应用程序编写的文件以.doc 为扩展名。

5. 保存文件的三个要素是什么？

保存位置；文件名；文件类型。

6. "保存"命令和"另存为"命令有什么区别？

第一次保存文件时，弹出"另存为"对话框。之后单击"保存"按钮会以原有的文件名和文件类型保存在原来的位置；选择"另存为"命令可以将文件以其他文件名及类型保存在其他位置。

7. 什么是应用程序？应用程序与快捷方式之间有什么关系？删除快捷方式对应用程序有什么影响？通常在哪些地方可以建立快捷方式？

应用程序是为了解决某一现实问题而开发形成的一组文件。快捷方式提供了对常用程序和文档的访问捷径。快捷方式实际上是与它对应的项目建立了链接关系，当用户双击快捷方式后，就会打开对应的项目（如运行程序、打开文件夹或打开文档等）。快捷方式的扩展名为.lnk。一般的快捷方式的左下角有一个黑色小箭头。

在"开始"菜单及文件夹中可以创建快捷方式。

8. 如果桌面上及"开始"菜单中均无"Winword.exe"应用程序的快捷方式，此时应如何启动"Winword.exe"应用程序？

可以先查找 Word 应用程序 Winword.exe，然后双击启动。

9. 如何创建一个以.txt 为扩展名的文件？

右击待创建文件的位置，在弹出的快捷菜单中选择"新建"｜"文本文档"命令，系统将创建以.txt 为扩展名的文件与"记事本"应用程序关联。

10. 什么是操作系统？它的主要任务是什么？列举出至少 4 种常见的操作系统。

操作系统（Operating System）是用户和计算机之间的界面，对计算机系统而言，操作系统是对所有系统资源进行管理的程序的集合；对用户而言，操作系统提供了对系统资源进行有效利用的简单抽象的方法。

现有的操作系统有：DOS 系列、Windows 系列、Linux 系列、Mac OS 系列等。

11. 在分区中常常会遇到逻辑分区、扩展分区、主分区这些名词，说明这些名词的含义。

答：主分区是用来启动系统的分区；扩展分区是主分区之外的分区；而逻辑分区是扩展分区在逻辑上的划分。一个硬盘可以分为主分区，比如占用盘符 C，剩下的扩展分区可以划分为一个以上的逻辑分区，比如 D 盘、E 盘等。我们在资源管理器中看到的硬盘符号可能是一块硬盘的不同分区，也可能是几块硬盘的不同分区。要区别是几块物理硬盘，可以在启动信息里看到，或者开机时按【Del】键到 BIOS 中查看相关内容。

二、选择题

1. 删除某应用程序的快捷方式图标，则（ C ）。
   A. 该应用程序连同其图标一起被删除
   B. 只删除了该应用程序，对应的图标被隐藏
   C. 只删除了图标，对应的应用程序被保留
   D. 该应用程序连同其图标一起被隐藏

2. 下列（ D ）不是 Windows XP 自带的应用程序。
   A. 记事本　　　　　B. 写字板　　　　　C. 画图　　　　　D. Word 2003

3. 在 Windows XP 中对通过控制面板中的（ A ）安装设备。
   A. 添加硬件　　　　　　　　　　B. 添加或删除程序
   C. 系统　　　　　　　　　　　　D. 显示

4. 控制面板可实现 Windows XP 的大部分设置工作，但不能（ C ）。
   A. 设置密码　　　　　　　　　　B. 设置键盘和鼠标
   C. 设置窗口排列方式　　　　　　D. 添加新硬件

5. 以下（ A ）快捷键可以实现在 Windows 中任务间的切换。
   A. Alt+Tab　　　　B. Ctrl+Tab　　　　C. Tab　　　　D. Shift+Tab

6. （　A　）快捷键可以实现在 Windows 中中英文输入法的切换。

    A. Ctrl+Space　　　　B. Alt+Shift　　　　C. Alt+Space　　　　　D. Ctrl+Alt+Del

7. 在资源管理器中要将选中的 C 盘文件复制到 A 盘上，可以用鼠标（　A　）。

    A. 直接拖动　　　　　　　　　　　B. 按住【Ctrl】键拖动

    C. 按住【Shift】键拖动　　　　　　D. 先剪切后复制

8. Windows 环境中全角状态下输入的字符占（　B　）。

    A. 一个字节　　　　　　　　　　　B. 两个字节

    C. 与 CPU 型号有关　　　　　　　D. 与操作系统有关

9. 以下文件类型中，（　B　）是应用程序文件类型。

    A. COM　　　　　　B. EXE　　　　　　C. DOC　　　　　　D. BAT

10. Windows 中任务栏上的图标是（　A　）。

    A. 系统正在运行的所有程序　　　　B. 系统中保存的所有程序

    C. 系统前台运行的程序　　　　　　D. 系统后台运行的程序

11. 打开菜单除了可以用鼠标外，还可以用控制键（　B　）加上各菜单名旁带下画线的字母。

    A. Ctrl　　　　　　B. Alt　　　　　　C. Shift　　　　　　D. Alt+Shift

12. 下列不属于对话框所具有的项是（　C　）。

    A. 复选框　　　　　B. 命令按钮　　　　C. 菜单栏　　　　　D. 列表框

13. "开始"菜单不可以（　D　）。

    A. 关闭系统　　　　　　　　　　　B. 运行程序

    C. 查找文件　　　　　　　　　　　D. 打开"我的电脑"

14. Windows 是一个（　D　）操作系统。

    A. 单用户单任务　　　　　　　　　B. 单用户多任务

    C. 多用户单任务　　　　　　　　　D. 多用户多任务

三、填空题

1. 文件的常见属性有存档、只读和隐藏。

2. 在 Windows XP 中，文件或文件夹的管理可以使用我的电脑和资源管理器。

3. 要改变 Windows XP 的桌面背景，应在控制面板中双击显示图标进行设置。

4. 硬盘的磁头数与盘面数相等。

5. 硬盘上的一个物理记录块要用三个参数来定位：柱面号、扇区号和磁头号。

6. 硬盘容量（B）= 柱面数 × 磁头数 × （每磁道）扇区数 × （每扇区）字节数（为 512B）。

7. 我们把操作系统的安装过程概括为① 将硬盘分区，②将各分区格式化和③安装操作系统三步。

四、上机练习题（略）

第 **3** 章 | 字处理软件 Word 2003

习 题 三

一、简答题

1. Word 中对文字、图形、表格等对象的操作原则是"先选后做",即先选中要操作的对象,再进行有关操作。请问:(1)Word 对象的选择操作有哪些?(2)对选中对象进行格式设置时,应使用什么菜单命令?

(1)Word 对象的选择方法有如下几种。

① 选中整篇文稿,有 3 种常用方法:

● 用快捷键【Ctrl + A】。

● 将鼠标移至文档页面的左边,当鼠标呈"⚲"形状时,三击鼠标。

● 选择"编辑"│"全选"命令。

② 选中整段:将鼠标移至要选择段落左边,当鼠标呈"⚲"形状时,双击鼠标即可。

③ 选中整句:将鼠标定位在要选择的句子中,然后双击鼠标即可。

④ 选中列块:按住【Alt】键,然后拖动鼠标选择,即可按列选择文本块。

(2)"格式"下拉菜单中的命令。

2. 什么是嵌入式对象?什么是浮动式对象?以图形为例,说明 Word 文档中什么情形下适合用嵌入式图片,什么情形下适合用浮动式图片?

嵌入式对象与文字之间无叠加关系,而浮动式对象可与文字进行环绕排版,多个浮动式对象还可进行叠放、排列及组合。

图片与文字间无叠加时,使用嵌入式;否则用浮动式。

3. 试总结,选择"工具"│"选项"命令,可以进行哪些设置?

"常规"选项卡:度量单位、底色、列出的文件数等;

"视图"选项卡:各种视图下的显示对象;

"保存"选项卡:默认格式、自动间隔时间等;

"安全"选项卡:设置文档的打开和修改密码。

4. 如何使文档正文各段落均缩进 0.75cm？（提示：使用"样式"命令）

选择"格式"｜"样式和格式"命令，在打开的"样式和格式"任务窗格中单击"新样式"按钮，打开"新建样式"对话框。

在"样式基于"下拉列表框中选择"正文首行缩进 2"选项。

5. 将某 Word 文档重新打开，处于编辑状态时，可否被删除、重命名，为什么？应该怎样做？

处于编辑状态的文件已调入内存，不能被删除、重命名。

关闭 Word 文档窗口后，该文档可被删除、重命名。

6. 什么是模板？如何建立自己的模板？

模板决定文档的基本结构和文档设置，例如，自动图文集词条、字体、快捷键指定方案、宏、菜单、页面设置、特殊格式和样式。Microsoft Word 文档都是以模板为基础的。

建立自己的模板的步骤如下：

（1）选择"文件"｜"另存为"命令。

（2）在"保存类型"下拉列表框中，选择"文档模板"选项。如果保存的是已创建为模板的文件，则该文件类型已被选中。

（3）"模板"文件夹是"保存位置"下拉列表框中的默认文件夹。还可在"模式"文件夹中建立相应子文件夹。

（4）输入新模板的名称，然后单击"保存"按钮。

（5）在新模板中添加所需的文本和图形（添加的内容将出现在所有基于该模板的新文档中），并删除不需要的内容。

（6）更改页边距设置、页面大小和方向、样式及其他格式。

（7）在常用工具栏上，单击"保存"按钮。

7. 在 Word 文档的编辑过程中，是否应经常进行保存操作？为什么？

应该。避免由于突然停电或死机等原因，使长时间修改而没有保存的内容丢失。

8. 要设置 Word 文档的打开权限，应使用 Word 提供的什么功能？

安全保护功能。

9. 借助"Word 在线帮助"功能，总结插入点光标在文档中快速移动的各种快捷键的使用方法。

- 向上滚动一屏：PgUp
- 向下滚动一屏：PgDn
- 移至行开始：Home
- 移至行结束：End
- 移至文档尾：Ctrl+End
- 移至文档头：Ctrl+Home
- 回到上一个编辑位置：Shift+F5（直至达到需要位置为止）

提示：在保存了文档之后，仍可用此功能取回到以前进行编辑的位置。

10. 总结 Word 中各菜单的组成和作用。

- "文件"菜单：集中了对文件进行打开、新建、保存、打印等命令。

- "编辑"菜单：复制、剪切、粘贴等命令。
- "视图"菜单：Word 显示窗口。集中了对窗口显示进行设置的各种命令，如显示段落标记、各种工具栏、窗口的显示比例等。
- "插入"菜单：在 Word 文档中插入的内容均可通过"插入"菜单插入，如图片、页码、特殊符号、数学公式等。
- "格式"菜单：集中了对选中的对象进行格式设置的命令，如段落格式设置、边框底纹、项目符号等。
- "表格"菜单：集中了对表格操作的所有命令，如表格插入、编辑、格式设置等。

二、选择题

1. 若要在 Word 编辑状态下，打开或关闭"绘图"工具栏，可以选择（ D ）命令。
   A."工具"｜"绘图"　　　　　　B."视图"｜"绘图"
   C."编辑"｜"工具栏"｜"绘图"　D."视图"｜"工具栏"｜"绘图"

2. 在 Word 中，要进行字体设置，应打开（ C ）菜单中相应的命令。
   A. 编辑　　　B. 视图　　　C. 格式　　　D. 工具

3. 在 Word 编辑状态下，将鼠标指针移到某行左端文档选定区，鼠标指针变成"⇗"时单击，则（ A ）。
   A. 该行被选定
   C. 该行所在的段落被选定
   B. 该行的下一行被选定
   D. 全文被选定

4. Word 中无法实现的操作是（ C ）。
   A. 在页眉中插入剪贴画　　　B. 建立奇偶页内容不同的页眉
   C. 在页眉中插入分隔符　　　D. 在页眉中插入日期

5. 图文混排是 Word 的特色功能之一，以下叙述错误的是（ D ）。
   A. 可以在文档中插入剪贴画　B. 可以在文档中插入图形
   C. 可以在文档中使用文本框　D. 可以在文档中使用配色方案

6. 在 Word 编辑状态下，对选定文字不能进行的设置是（ D ）。
   A. 加下画线　　B. 加着重号　　C. 动态效果　　D. 自动版式

7. 在 Word 表格中，若光标位于表格外右侧行尾处，按【Enter】键，结果将是（ C ）。
   A. 光标移到下一列　　　　　B. 光标移到下一行，表格行数不变
   C. 插入一行，表格行数改变　D. 在本单元格内换行，表格行数不变

8. 在 Word 中，关于分栏操作的说法正确的是（ C ）。
   A. 可以将指定的段落分成指定宽度的两栏
   B. 任何视图下均可看到分栏效果
   C. 设置的各栏宽度和间距与页面宽度无关
   D. 栏与栏之间不可以设置分隔线

9. 在 Word 编辑状态下，给当前文档加上页码，应使用的菜单是（ B ）。
   A. 编辑　　　B. 插入　　　C. 格式　　　D. 工具

10. 要在 Word 中调整光标所在段落的行距，应先单击（ C ）菜单。

    A. 编辑　　　　　　　　　　　　　B. 视图

    C. 格式　　　　　　　　　　　　　D. 工具

11. 在 Word 中绘制图形，文档应处于（ C ）。

    A. 普通视图　　　　B. 主控文档　　　　C. 页面视图　　　　D. 大纲视图

12. 当一个 Word 窗口被关闭后，被编辑的文件将（ B ）。

    A. 被从磁盘中清除　　　　　　　　B. 被从内存中清除

    C. 被从内存或磁盘中清除　　　　　D. 不会从内存和磁盘中被清除

13. 在 Word 中，移动鼠标指针至文档行首空白处（文本选定区），连续单击三下左键，结果将是选中文档的（ D ）。

    A. 一句话　　　　　　B. 一行　　　　　　C. 一段　　　　　　D. 全文

14. 在 Word 中，要将表格中连续三列列宽设置为 1cm，应先选中这三列，然后选择（ B ）命令。

    A. "表格" ｜ "平均分布各列"　　　　B. "表格" ｜ "表格属性"

    C. "表格" ｜ "表格自动套用格式"　　D. "表格" ｜ "平均分布各行"

15. 在 Word 中，选定某行内容后，用鼠标拖动方法移动选定文本时，应同时按住（ D ）键。

    A. Esc　　　　　　B. Ctrl　　　　　　C. Alt　　　　　　D. 不按键

16. 在 Word 中，使插入点快速移到文档尾的操作是按（ C ）快捷键。

    A. PgUp　　　　　B. Alt+End　　　　C. Ctrl+End　　　　D. PgDn

17. 在 Word 中建立新文档后，立即执行"保存"命令将（ D ）。

    A. 自动关闭空文档　　　　　　　　B. 自动将空文档保存在 Documents 文件夹

    C. 自动将空文档保存在当前文件夹　D. 弹出"另存为"对话框

18. 关于样式的概念，下面叙述错误的是（ B ）。

    A. 用户可以自己定义一个样式

    B. 样式是某种文档格式的模板

    C. 样式是指一组已命名的字符和段落格式

    D. 样式是 Word 的一项核心技术

19. 在 Word 中，若要为选定文本设置行距为 20 磅，应选择"段落"对话框中"行距"列表框中的（ C ）。

    A. 单倍行距　　　　B. 1.5 倍行距　　　C. 固定值　　　　　D. 多倍行距

20. 在 Word 编辑状态下，依次打开 d1.doc 和 d2.doc 文档，则（ A ）。

    A. 两个文档窗口同时显现　　　　　B. 只显现 d2.doc 文档窗口

    C. 只显现 d1.doc 文档窗口　　　　　D. 两个窗口自动并列显示

21. 在 Word 编辑状态下，使插入点快速移动到文档首部的快捷键是（ A ）。

    A. Ctrl+Home　　　B. Alt+Home　　　C. Home　　　　　D. PgUp

22. 在 Word 编辑状态下，字体设置操作完成后，按新设置的字体显示的文字是（ B ）。

    A. 插入点所在段落中的文字　　　　B. 文档中被选择的文字

    C. 插入点所在行中的文字　　　　　D. 文档的全部文字

23. 设定打印纸张大小应选择（　B　）命令。
　　A. "文件" | "打印预览"　　　　　　　B. "文件" | "页面设置命令"
　　C. "视图" | "工具栏"　　　　　　　　D. "视图" | "页面命令"

24. 要在 Word 窗口中显示常用工具栏，应使用的菜单是（　B　）。
　　A. 工具　　　　　　　B. 视图　　　　　　　C. 格式　　　　　　　D. 窗口

25. 下列关于 Word 的叙述中，错误的是（　B　）。
　　A. 单击常用工具栏上的 ⬅ 按钮可以撤销上一次的操作
　　B. 在普通视图下可以用绘图工具绘制图形
　　C. 最小化的文档窗口被放置在工作区的底部
　　D. 剪贴板中保留所有剪切的内容

26. 要用输入 "ATC" 3 个英文字母来快速代替 "微软授权培训中心" 8 个汉字的输入，可以利用 Word 的（　C　）。
　　A. 智能输入法　　　　　　　　　　　B. "工具" | "拼写与语法" 命令
　　C. "工具" | "自动更正" 命令　　　　 D. "插入" | "交叉引用" 命令

27. 在 Word 中，若要在 "查找" 对话框的 "查找内容" 文本框中一次输入便能自动查找文档中的所有 "第 1 名"、"第 2 名" …… "第 9 名" 文本，应输入（　C　）。
　　A. 第 1 名、第 2 名……第 9 名　　　 B. 第 ? 名，同时选择 "全字匹配" 选项
　　C. ? 名，同时选择 "模式匹配" 选项　 D. 第 ? 名，第 1 名

28. "自动图文集" 与 "自动更正" 不同之处在于（　D　）。
　　A. "自动图文集" 与 "自动更正" 在操作和功能上均相同
　　B. "自动图文集" 能自动产生图文，"自动更正" 限于自动校正
　　C. "自动更正" 需得到用户的确定后才可执行某命令，"自动图文集" 则不必
　　D. "自动图文集" 用【F3】键激活，"自动更正" 用【Space】键激活

29. 每年元旦，某公司均要发出大量内容相同的信，仅仅是信中的称呼不同，为不做重复编辑工作，快速完成各封信件的制作，可以利用（　A　）功能。
　　A. 邮件合并　　　　　B. 书签　　　　　C. 模板　　　　　D. 复制

30. 单击 "绘图" 工具栏中的 "绘图" 按钮，出现 "绘图" 菜单，在该菜单中选择（　B　）命令，可以使图形置于文字上方或下方。
　　A. "绘图" | "组合"　　　　　　　　　B. "绘图" | "叠放次序"
　　C. "绘图" | "微移"　　　　　　　　　D. "绘图" | "编辑顶点"

三、填空题

1. 在 Word 中，只有在页面视图下可以显示水平标尺和垂直标尺。

2. 要在 Word 文档中插入页眉、页脚，应使用视图菜单中的 "页眉和页脚" 命令。

3. Word 中的默认段落标记是回车符。

4. Word 工作区中闪烁的竖直光标表示光标插入点位置。

5. 要只打印文档的第 2 页～第 5 页及第 9 页至最后一页，应在 "打印" 对话框中的 "页码范围" 文本框中输入 2-5,9-。

6. 在 Word 中，如果进行了误操作，可以立即用<u>撤销</u>命令恢复。

7. Word 的"窗口"菜单的下半部显示了已打开的所有 Word 文档，当前活动窗口所对应的文档名前带有 <u>√</u> 标记。

8. 在 Word 中，可以进行"拼写和语法"检查的选项在<u>工具</u>菜单中。

9. 在 Word 中，处理图形对象应在<u>页面</u>视图中进行。

10. 要将 Word 文档中多处同样的文本错误一次修正，最快捷的操作是选择"编辑"｜<u>"替换"</u>命令。

四、上机操作题（略）

第 4 章 | 电子表格处理软件 Excel 2003

习 题 四

一、简答题

1. 简述 Excel 中单元格、工作表、工作簿之间的关系。

工作簿是处理和存储数据的文件（*.xls）。由于每个工作簿可以包含多张工作表，因此可在一个文件中管理多种类型的相关信息。

工作表是工作簿中的"页"，使用工作表可以显示和分析数据。可以同时在多张工作表中输入并编辑数据，并且可以对不同工作表的数据进行汇总计算。

单元格是工作表中行和列形成的区域。

2. Excel 的数据分为哪几种类型？

数字、文字、日期、时间及逻辑类型。

3. 要在工作表中的单元格中快速输入数据系列，可以用什么方法完成？

选中内容，拖动填充柄，具体执行的操作如下所述。

- 文本类型数据复制。
- 数值类型数据复制，同时按下【Ctrl】键，产生自动增 1 序列。
- 文本与数值混合数值自动增 1。
- 同时选中连续的两个数值类型数据以两个数值的差为步长产生等差序列。
- 选中已经存在的自定义序列中的某一元素自动填充存在序列。

4. 什么是绝对引用？什么是相对引用？

单元格的引用包括相对引用、绝对引用和混合引用三种，相对引用会随着公式所在单元格位置的改变而改变，而绝对引用在复制或移动单元格时，公式中引用的单元格不发生变化，形式为在行和列前加上"$"符号。

5. 为什么不能用 Excel 软件直接打开 Word 文档？

Word 是字处理软件；Excel 是电子表格应用程序。

6. 如何设置能使所有数据自动以日期的形式表示？

右击要设置格式的单元格，在弹出的快捷菜单中选择"设置单元格格式"命令，在弹出对话框中的"数字"选项卡中选择"日期"选项。

7. 使 Excel 能顺利处理数据，应注意什么？什么样的工作表才是规范的 Excel 工作表？

- 每张工作表仅使用一个数据清单，避免在一张工作表上建立多个数据清单。某些清单管理功能如筛选等，一次只能在一个数据清单中使用。
- 将相似项置于同一列，在设计数据清单时，应使同一列中的数据具有相似的数据项。
- 使清单独立，在工作表的数据清单与其他数据间至少留出一个空列和一个空行，这将有利于 Excel 检测和选定数据清单。
- 避免空行和空列，不要出现空的单元格。

8. 将数据表示为图表，简述其操作步骤。

选中数据清单中的相关数据，单击工具栏上的"图表向导"按钮，按向导提示依次进行"图表类型"→"图表数据源"→"图表选项"→"图表位置"设置后完成。

9. 如何输出带表格边框的 Excel 表格？

选中相关区域，选择"格式"｜"单元格"命令，弹出"单元格格式"对话框，切换到"边框"选项卡，设置表格边框。

二、选择题

1. 在 Excel 中，一个工作簿最多可以包含（ C ）张工作表。

    A. 128　　　　　　B. 16　　　　　　　C. 255　　　　　　　D. 3

2. 删除某单元格后，使右侧单元格左移或下方单元格上移，应选择（ D ）命令进行操作。

    A. "编辑"｜"清除"｜"全部"　　　　　　B. "编辑"｜"剪切"

    C. "编辑"｜"清除"｜"格式"　　　　　　D. "编辑"｜"删除"

3. 要选定不相邻的单元格，可以按住（ B ）键并单击相应的单元格。

    A. Alt　　　　　　B. Ctrl　　　　　　C. Shift　　　　　　D. Esc

4. 下列（ C ）是 Excel 工作表的正确区域表示。

    A. A1#D4　　　　　B. A1..D5　　　　　C. A1:D4　　　　　　D. A1>D4

5. 对 D5 单元格，Excel 的绝对引用表示为（ C ）。

    A. D5　　　　　　　B. D$5　　　　　　C. $D$5　　　　　　D. $D5

6. Excel 中，要在多页打印时，每页都有题目和列标名，应使用（ C ）实现。

    A. 制作工作表时逐页手工加入的方法

    B. 在页眉/页脚中设计的方法

    C. "文件"｜"页面设置"｜"工作表"｜"打印标题"命令

    D. 无法设置

7. Excel 中引用单元格时，单元格名称中列标前加上"$"，而行标前不加；或者行标前加上"$"，而列标前不加，这属于（ C ）。

    A. 相对引用　　　　　　　　　　B. 绝对引用

    C. 混合引用　　　　　　　　　　D. 以上说法都不对

8. 要选择连续单元格，应按住（　B　）键的同时选择所要的单元格。

　　A. Ctrl　　　　　　　B. Shift　　　　　　　C. Alt　　　　　　　D. Esc

9. 引用单元格时，单元格名称中列标和行标前都加上"$"，这属于（　B　）。

　　A. 相对引用　　　　　B. 绝对引用　　　　　C. 混合引用　　　　　D. 以上说法都不对

10. 数据分类汇总前必须先进行（　C　）操作。

　　A. 筛选　　　　　　　B. 计算　　　　　　　C. 排序　　　　　　　D. 合并

11. 函数或公式的输入必须以（　C　）符号开始。

　　A. "+，-"号　　　　B. 数字　　　　　　　C. "="　　　　　　　D. 字母

12. 在 Excel 中，一个工作表最多可包含的行数是（　C　）。

　　A. 255　　　　　　　B. 256　　　　　　　C. 65536　　　　　　D. 任意多

13. 在 Excel 中，一个工作表最多可有（　C　）列。

　　A. 25　　　　　　　B. 128　　　　　　　C. 256　　　　　　　D. 65536

14. 在 Excel 中，日期型数据"2008 年 6 月 8 日"的正确输入形式是（　A　）。

　　A. 8-6-2008

　　C. 8,6,2008

　　B. 8.6.2008

　　D. 8:6:2008

15. 在 Excel 工作表中，单元格区域 D2:E4 所包含的单元格个数是（　B　）。

　　A. 5　　　　　　　　B. 6　　　　　　　　C. 7　　　　　　　　D. 8

16. 选定某单元格，选择"编辑"｜"删除"命令，不可能完成的操作是（　D　）。

　　A. 删除该行

　　C. 删除该列

　　B. 右侧单元格左移

　　D. 左侧单元格右移

17. Excel 工作表的某单元格内输入数字字符串"456"，正确的输入方式是（　B　）。

　　A. 456　　　　　　　B. '456　　　　　　　C. =456　　　　　　　D. "456"

18. 在 Excel 中，关于工作表及为其建立的嵌入式图表的说法，正确的是（　D　）。

　　A. 删除工作表中的数据，图表中的数据系列不会删除

　　B. 增加工作表中的数据，图表中的数据系列不会增加

　　C. 修改工作表中的数据，图表中的数据系列不会修改

　　D. 以上三项均不正确

19. Excel 电子表格系统不具有的功能是（　B　）。

　　A. 数据库管理

　　C. 图表

　　B. 自动编写摘要

　　D. 绘图

20. 在 Excel 工作表中，不正确的单元格地址是（　C　）。

　　A. C$66　　　　　　B. $C66　　　　　　C. C6$6　　　　　　D. $C$66

21. 在 Excel 工作表中，在某单元格内输入数字"123"，不正确的输入形式是（　D　）。

　　A. 123　　　　　　　B. =123　　　　　　　C. +123　　　　　　　D. *123

22. 在 Excel 工作表中进行智能填充时，鼠标的形状为（　C　）。

　　A. 空心粗十字

　　C. 实心细十字

　　B. 向左上方箭头

　　D. 向右上方前头

23. 在 Excel 工作表中，正确的 Excel 公式形式为（ A ）。

    A. =B3*Sheet3!A2   B. =B3*Sheet3$A2

    C. =B3*Sheet3:A2   D. =B3*Sheet3％A2

24. 在 Excel 工作簿中，有关移动和复制工作表的说法正确的是（ D ）。

    A. 工作表只能在所在工作簿内移动，不能复制

    B. 工作表只能在所在工作簿内复制，不能移动

    C. 工作表可以移动到其他工作簿内，不能复制到其他工作簿内

    D. 工作表可以移动到其他工作簿内，也可复制到其他工作簿内

25. Excel 广泛应用于（ C ）。

    A. 工业设计、机械制造、建筑工程   B. 美术设计、装潢、图片制作

    C. 统计分析、财务管理分析、经济管理   D. 多媒体制作

26. 单元格 D5 中有公式"=$B$2+C4"，删除第 A 列后，C5 单元格中的公式变为（ B ）。

    A. =$A$2+B4   B. =$B$2+B4   C. =$A$2+C4   D. =$B$2+C4

27. Excel 工作表的最右下角的单元格的地址是（ D ）。

    A. IV65535   B. IU65535   C. IU65536   D. IV65536

28. 在单元格中输入数字字符串 100080（邮政编码）时，应按下列什么方法输入（ C ）。

    A. 100080   B. "100080"   C. '100080   D. 100080'

29. 在 Excel 工作表中已输入的数据如下所示。

	A	B	C	D	E
1		10	10%	=$A$1*C1	
2		20	20%		

    如果将 D1 单元格中的公式复制到 D2 单元格中，则 D2 单元格中的值为（ B ）。

    A. ####   B. 2   C. 4   D. 1

30. 下面（ C ）图表类型表示发展趋势时效果最好。

    A. 层叠条   B. 条形图   C. 折线图   D. 饼图

31. 下列关于电子表格的数据管理功能描述中不正确的是（ D ）。

    A. 每行包含一条记录   B. 可对记录排序

    C. 可以搜索记录   D. 每行相当于一个文件

32. 在单元格中输入了"4/8"，确认后，该单元格将显示（ D ）。

    A. 4/8   B. 0.5   C. 出错信息   D. 4 月 8 日

33. 在 Excel 中，英文百分号属于（ A ）。

    A. 算术运算符   B. 比较运算符   C. 文本运算符   D. 单元格引用符

34. 在 Excel 中，符号"&"属于（ C ）。

    A. 算术运算符   B. 比较运算符   C. 文本运算符   D. 单元格引用符

35. 在 Excel 中，英文冒号属于（ D ）。

    A. 算术运算符   B. 比较运算符   C. 文本运算符   D. 单元格引用符

36. 下列文件名不符合 Excel 97 的命名规则的是（　B　）。
    A. 成绩表（1）.xls
    B. 成绩表<1>.xls
    C. 美元$.xls
    D. 成绩表–1.xls

37. 以下电子表格类型的图表不能用 Excel 生成的是（　B　）。
    A. 折线图　　　　B. 十字图　　　　C. 饼图　　　　D. 层叠条

38. 一个单元格中存储的完整信息应包括（　B　）。
    A. 数据、公式和批注
    B. 内容、格式和批注
    C. 公式、格式和批注
    D. 数据、格式和公式

39. 在 Excel 中，除第一行外，清单中的每一行都被认为是数据的（　D　）。
    A. 字段　　　　B. 字段名　　　　C. 标题行　　　　D. 记录

40. 要锁定工作表中指定的行列，应选择（　A　）命令。
    A. "窗口" | "冻结窗格"
    B. "窗口" | "拆分"
    C. "窗口" | "重排窗口"
    D. "窗口" | "隐藏"

41. 在单元格中输入 "=AVERAGE(10,–3)–Pi()"，则该单元格显示的值是（　A　）。
    A. 大于零　　　　B. 小于零　　　　C. 等于零　　　　D. 不确定

42. SUM(5,6,7)的值是（　A　）。
    A. 18　　　　B. 210　　　　C. 4　　　　D. 5

43. 当某一单元格中显示的内容为 "# NAME？" 时，表示（　B　）。
    A. 使用了 Excel 不能识别的名称
    B. 公式中的名称有问题
    C. 在公式中引用的无效的单元格
    D. 无意义

44. 某单元格显示 0.3，则可能输入的是（　D　）。
    A. 6/20　　　　B. ="6/20"　　　　C. "6/20"　　　　D. =6/20

45. 要选取多个相邻工作表，需按住（　D　）键。
    A. Ctrl　　　　B. Tab　　　　C. Alt　　　　D. Shift

三、填空题

1. Excel 中一个工作簿最多可同时打开 255 个工作表。

2. Excel 工作表中第 6 行、第 7 列的单元格地址表示为 G6。

3. 要在 Excel 中插入当前系统日期，可按【Ctrl+；】组合键。

4. 要将 Excel 工作簿转换为数据库文件，应选择的保存类型是 DBF。

5. AVERAGE 函数用于计算平均数，MAX 函数用于求最大值。

6. 在 Excel 工作表的单元格 D6 中有公式 "= $B$2"，将 D6 单元格的公式复制到 E9 单元格内，则 E9 单元格的公式为 = $B$2。

7. 在 Excel 中，快速查找数据清单中符合条件的记录，可使用 Excel 提供的自动筛选功能。

8. Excel 工作表的单元格 C5 中有公式 "=C2"，将 C5 单元格的公式复制到 D7 单元格内，则 D7 单元格内的公式是 =D4。

9. 在 Excel 中，空格属于单元格引用交集运算符。

10. 在 Excel 中，英文逗号属于单元格引用并集运算符。

11. 在 Excel 中，符号"<"属于<u>关系</u>运算符。

12. <u>SUM</u> 函数用于求和，<u>RANK</u> 函数用于得出排序序号。

13. 在 Excel 中，工作簿中第 1 个工作表默认名称为 <u>Sheet1</u>。

14. Excel 的<u>分页预览</u>视图可以方便地预览和设置分页打印。

15. 要快速地将光标移动到表格最下方，可以使用 <u>Ctrl+End</u> 快捷键，快速移动到表格最上方可以使用 <u>Ctrl+Home</u> 快捷键。

16. 要只显示满足指定数据范围的数据，可以使用 Excel 提供的<u>"条件格式"</u>功能。

17. 要对 Excel 97 工作簿的某个工作表进行操作，需先选定工作表，选定工作表的方法是用鼠标左键单击<u>工作表左上角空白处</u>，此处亦称"全选"按钮。

18. 要使工作表自动打印出表格线，需在工作表中选择"页面设置"│"工作表"│"网格线"命令。

19. 工作簿通常默认有 <u>3</u> 张工作表，最多允许 <u>255</u> 张工作表。

20. 在工作表单元格中输入数据，当数据长度超过单元格宽度时，单元格中将显示<u>若干个"#"符号</u>。

21. Excel 可以用数据清单实现数据库管理功能。在数据清单（工作表）中，每列称为一个<u>字段</u>，它存放的是同类型数据；数据清单的第 1 行称为"<u>标题</u>"行，表中的每 1 行称为一条记录，存放的是一组相关数据。

第 **5** 章 | 幻灯片制作软件 PowerPoint 2003

习 题 五

一、简答题

1. 什么叫版式？它和设计模板有什么区别？

版式指的是各种对象在幻灯片上的布局格式。PowerPoint 提供了 28 种精心设计的幻灯片版面布局，称为自动版式（AutoLayout）。每当创建一张新幻灯片时，都会弹出"请选取自动版式"对话框供用户选择合适的版面布局格式。

设计模板包括幻灯片的背景图案、背景颜色和配色方案。PowerPoint 提供了 18 种预定义的模板。应用模板可以使所有的幻灯片具有统一的背景图案和背景颜色。

2. 创建演示文稿有几种方法？

有如下 3 种方法。

内容提示向导：针对不同的演讲主题，PowerPoint 给出了一组设计精美的演示文稿样板，这种方式的缺点是留给用户的创造余地很小。

模板：可以使演示文稿具有统一的背景图案和背景颜色。这种方式的缺点是在设计幻灯片的内容时，必须随时注意所设计的内容与背景的和谐性问题。

空演示文稿：这种方式背景是白色，用户可以随心所欲地使用各种颜色，这是最能发挥创造性的一种方式。

3. 简述创建一个演示文稿的主要步骤。已建立好的幻灯片能否改变版式？

新建一个演示文稿文件后，通过插入新幻灯片，添加各种对象丰富内容。

建立好的幻灯片能改变其幻灯片的版式，选中幻灯片，选择"格式"｜"幻灯片版式"命令。

4. 试列举出至少 3 种打开已有演示文稿的方法。

双击演示文稿的图标；右击演示文稿，在弹出的快捷菜单中选择"打开"命令；启动 PowerPoint 后，选择"文件"｜"打开"命令。

5. 在 PowerPoint 的哪种视图方式下可以方便地实现对一演示文稿的幻灯片进行移动、复制、删除等操作？

在幻灯片浏览视图下。

6. PowerPoint 演示文稿与幻灯片之间是什么关系？

PowerPoint 演示文稿是独立的以.ppt 为扩展名的文件；幻灯片是载有文字、图片、声音等对象的一页，用于在计算机上放映的多媒体文档。

7. 简述幻灯片母版的用途。

母版用于设置文稿中每张幻灯片的预设格式，这些格式包括每张幻灯片标题及正文文字的位置和大小、项目符号的样式、背景图案等。

8. PowerPoint 有哪几种视图，各有什么特点？

PowerPoint 有普通视图、大纲视图、幻灯片浏览视图和幻灯片视图。

普通视图包含 3 种窗格：大纲窗格、幻灯片窗格和备注窗格。这些窗格使得用户可以在同一位置使用演示文稿的各种特征。

在幻灯片浏览视图下，用户可以在屏幕上同时看到演示文稿中的所有幻灯片，这些幻灯片是以缩略图形式显示的。这样，就可以很容易地在幻灯片之间添加、删除和移动幻灯片以及选择动画切换。

在大纲窗格中，演示文稿会以大纲形式显示，大纲由每张幻灯片的标题和正文组成。

9. 在 PowerPoint 中输入和编排文本与 Word 有什么类似的地方？

选择"格式"｜"字体"命令，在弹出的对话框中可以集中设置字体格式。

10. PowerPoint 提供了哪些不同的视图，各视图分别适合做什么工作？

答：PowerPoint 提供的视图及其各自的作用如下：

（1）普通视图：用于对当前幻灯片上的文字、图片和图形进行修改、删除、设置等操作。

（2）幻灯片浏览视图：用于对文稿进行总体操作，如复制、移动文稿中的一张或多张幻灯片。

（3）幻灯片放映视图：用于查看幻灯片的放映效果。

（4）备注视图：用于同时查看编辑当前幻灯片及备注页中的内容

（5）母版视图：用于查看和修改幻灯片母版的设置。

二、选择题

1. 演示文稿中的每一张演示的单页称为（　D　），它是演示文稿的核心。

　　A. 母版　　　　　　B. 模板　　　　　　　　C. 版式　　　　　　　　D. 幻灯片

2. 如要在演示文稿中添加一页幻灯片，应单击（　B　）。

　　A. "新建文件"按钮　　　　　　　　　B. "新幻灯片"按钮

　　C. "打开"按钮　　　　　　　　　　　D. "复制"按钮

3. 修改幻灯片配色方案后，单击"应用"按钮，则新配色方案的有效范围是（　A　）。

　　A. 当前幻灯片　　　B. 全部幻灯片　　　C. 选中的对象　　　　D. 新幻灯片

4. 使用 PowerPoint 播放幻灯片时，要结束放映，可以按（　A　）键。

　　A. Esc　　　　　　B. Enter　　　　　　C. 空格　　　　　　　D. BackSpace

5. 使用 PowerPoint 播放幻灯片时，要结束放映，可以（　B　）。

　　A. 单击　　　　　　　　　　　　　　B. 右击

　　C. 双击　　　　　　　　　　　　　　D. 双击鼠标右键

6. 要在演示文稿中使用已有的图片做背景，应在"填充效果"对话框中单击切换到（ C ）选项卡。

    A. 纹理   B. 过渡   C. 图片   D. 图案

7. 在演示文稿的幻灯片中，要插入剪贴画或照片等图形，应在（ C ）视图中进行。

    A. 幻灯片放映   B. 幻灯片浏览

    C. 幻灯片   D. 大纲

8. PowerPoint 中"自定义动画"选项的强大功能是（ A ）。

    A. 让幻灯片中的每一个对象动起来   B. 设置每一个对象的播放时间

    C. 设置每一个对象播放时的声音   D. 以上皆对

9. 如果让幻灯片播放后自动延续 5s，再播放下一张幻灯片，应选择（ A ）。

    A. "启动动画"选项组中的"在前一事件后 5 秒自动播放"单选按钮

    B. "启动动画"选项组中的"单击鼠标时"单选按钮

    C. 可同时选择 A、B 两项

    D. 用 PowerPoint 的默认选项"无动画"

10. 下列叙述错误的是（ D ）。

    A. 在幻灯片母版中添加了放映控制按钮，则所有幻灯片上都会包含放映控制按钮

    B. 在播放幻灯片的同时，也可以播放 CD 唱片

    C. 在幻灯片中也可以插入自己录制的声音文件

    D. 幻灯片之间不能进行跳转链接

11. PowerPoint 窗口的大纲窗格中，不可以（ D ）。

    A. 插入幻灯片   B. 删除幻灯片

    C. 移动幻灯片   D. 添加文本框

12. 下列说法中错误的是（ C ）。

    A. 设置幻灯片的播放时间有两种方法：手工设置、用排练计时功能自动设置

    B. 可以采用暂时隐藏某些幻灯片和撤销隐藏的方法选择调整播放内容

    C. 设置幻灯片放映时间时可以选择"幻灯片放映"｜"幻灯片切换"命令，也可以单击工具栏中的"幻灯片切换"按钮

    D. 幻灯片浏览视图不对隐藏的幻灯片编号，因为这些幻灯片放映时将不显示

13. 下列（ B ）不能实现移动幻灯片。

    A. 用鼠标在大纲视图区直接拖动幻灯片到需要的位置

    B. 选中幻灯片，单击大纲工具栏的上移或下移按钮至需要位置

    C. 在幻灯片视图中，剪切选定幻灯片，移至需要位置，粘贴幻灯片

    D. 在幻灯片浏览视图中直接拖动幻灯片到需要的位置

14. 在幻灯片切换效果设置中有"慢速"、"中速"、"快速"选项，它是指（ C ）。

    A. 放映时间   B. 动画速度   C. 换片速度   D. 停留时间

15. 在 PowerPoint 中，要将某张幻灯片更改为"垂直排列文本"版式，应单击（ C ）菜单中的相应命令。

    A. 视图   B. 插入   C. 格式   D. 幻灯片放映

16. 在 PowerPoint 的（ C ）下，可以用拖动鼠标的方法改变幻灯片的顺序。

    A. 幻灯片视图   B. 备注页视图

    C. 幻灯片浏览视图   D. 幻灯片放映

17. PowerPoint "格式" 菜单中的（ B ）命令可以用来改变某一幻灯片的布局。

    A. 背景   B. 幻灯片版式

    C. 幻灯片配色方案   D. 字体

18. 要设置幻灯片放映时的换页效果，应使用 "幻灯片放映" 菜单下的（ B ）命令。

    A. 动作按钮   B. 幻灯片切换

    C. 预设动画   D. 自定义动画

19. 在幻灯片放映时，用户可以利用绘图笔在幻灯片上标记，这些标记（ D ）。

    A. 自动保存在演示文稿中   B. 可以保存在演示文稿中

    C. 在本次演示中不可擦除   D. 在本次演示中可以擦除

20. PowerPoint 的各种视图中，显示单个幻灯片并可以进行文本编辑的视图是（ A ）。

    A. 普通视图   B. 幻灯片浏览视图

    C. 幻灯片放映视图   D. 大纲视图

21. 可以对幻灯片进行移动、删除、添加、复制，但不能编辑幻灯片具体内容的视图是（ B ）。

    A. 普通视图   B. 幻灯片浏览视图   C. 幻灯片放映视图   D. 大纲视图

22. 在 PowerPoint 中，可以为文本、图形等对象设置动画效果，可采用（ B ）菜单中的 "动画方案" 命令。

    A. 格式   B. 幻灯片放映   C. 工具   D. 视图

23. 在 PowerPoint 中输入文本时，要在段落中另起一行，需按（ B ）组合键。

    A. Ctrl+Enter   B. Shift+Enter   C. Ctrl+Shift+Enter   D. Ctrl+Shift+Del

24. 要选择多个图形，需按住（ A ）键，再逐个单击要选定图形。

    A. Shift   B. Ctrl+Shift   C. Tab   D. F1

三、填空题

1. 普通视图将幻灯片、大纲、备注窗格集成到一个视图，来制作演示文稿。

2. 设置背景时，若将新的设置应用于当前幻灯片，应单击应用按钮。

3. 向幻灯片中插入外部图片的操作为：选择 "插入" | "图片" | "来自文件" 命令。

4. 若当前编辑的演示文稿为 ks，执行 "打包" 命令后，所形成的应用程序名为 ks.pps。

5. 要在自选图形中添加文字，应在右键快捷菜单中选择添加文本命令。

6. 包含预定义的格式和配色方案，可以应用到任何演示文稿中创建独特外观的模板是母版。

7. PowerPoint 可以为幻灯片中的文字、形状、图形等对象设置动画效果，设计基本动画的方法是先在窗格中选择对象，然后选择 "幻灯片放映" | 自定义动画命令。

8. 在幻灯片浏览视图中，可以方便地利用工具栏给幻灯片添加切换效果。

9. 将文本添加到幻灯片中的最简易的方式是直接将文本输入到幻灯片的任何占位符中。要在占位符外的其他地方添加文字，可以在幻灯片中插入文本框。

10. PowerPoint 应用程序中模板文件的扩展名为.pot。

11. PowerPoint 中，可利用模板创建新演示文稿，每个模板均有两种，分别是<u>标题模板</u>和<u>幻灯片</u>模板。

12. 在 PowerPoint 中，为幻灯片中的文字等对象设置动画效果的方法是，先在<u>幻灯片</u>视图中选择好对象，再使用相关设置。

13. 幻灯片切换是指在幻灯片播放时，<u>一张幻灯片</u>到下一张幻灯片的变换效果。

14. 用 PowerPoint 制作好幻灯片后，可以设置三种不同放映幻灯片的方式，它们分别是<u>演讲者放映</u>、<u>观众自行浏览</u>和<u>在展台浏览</u>。

15. 在 PowerPoin 浏览视图中，选中某幻灯片并按住【Ctrl】键拖动，可以完成此幻灯片的<u>复制</u>操作。

第 **6** 章 | 网络应用基础

习 题 六

一、简答题

1. 什么是计算机网络？

简单地说，计算机网络就是通过电缆、电话或无线通信将两台以上的计算机互联起来的集合。

2. 什么是网络拓扑结构？常见的网络拓扑结构有哪些？

网络的拓扑结构是指用传输媒体互联各种设备的物理布局，也就是指网络的几何连接形状。画成图就叫做网络拓扑图。目前应用最多的网络拓扑结构是星形、总线形和环形等网络结构。

3. 举例说明什么是客户/服务器网络。

Internet 是典型的客户/服务器网络。Internet 上有很多服务器，如 Web 服务器、FTP 服务器、邮件服务器等，它们都是 24 小时开机，随时为用户提供服务的。一般用户使用的都是客户机。

4. 什么是账户？什么是组？

专为应用程序或服务进程创建的账户即服务账户，在系统启动时，服务进程使用服务账户登录以获得在系统中使用资源的权利和权限。普通用户账户在用户登录时由系统提供。组也称为工作组（Work Group）就是将不同的计算机按功能分别归入不同的组中，以方便管理。

5. 什么是对等网？在 Windows XP 操作系统中如何实现对等网？

对等网就是连接两台以上的计算机，而且更关键的是它们之间的关系是对等的，连接后双方可以互相访问，没有主客差异。在 Windows XP 操作系统中实现对等网需要添加 NetBEUI 协议。

6. 什么是路由器？它与集线器有什么区别？

路由器是一种连接多个网络或网段的网络设备，它能将不同网络或网段之间的数据信息进行"翻译"，以使它们能够相互"读"懂对方的数据，从而构成一个更大的网络。路由器有两大典型功能，即数据通道功能和控制功能。数据通道功能包括转发决定、背板转发以及输出链路调度等，一般由特定的硬件来完成；控制功能一般用软件来实现，包括与相邻路由器之间的信息交换、系统配置、系统管理等。路由器仅转发特定地址的数据包，不传送不支持路由协议的数据包和未知目标网络数据包，集线器（HUB）是对网络进行集中管理的重要工具，像树的主干一样，它是各分枝的汇集点，从而可以防止广播风暴。集线器工作在物理层，路由器工作在传输层。

二、选择题

1. 网络传输的速率为 8Mbit/s，其含义为（　B　）。

    A. 每秒传输 8M 字节
           B. 每秒传输 8M 二进制位

    C. 每秒传输 8 000K 个二进制位
      D. 每秒传输 8 000 000 个二进制位

2. 在传输数字信号时，为了便于传输、减少干扰和易于放大，在发送端需要将发送的数字信号变换成为模拟信号，这种变换过程称为（　A　）。

    A. 调制
        B. 解调
        C. 调制解调
        D. 数据传输

3. 下列叙述中正确的是（　C　）。

    A. 在同一间办公室中的计算机互联不能称之为计算机网络

    B. 至少 6 台计算机互联才能称之为计算机网络

    C. 两台以上计算机互联是计算机网络

    D. 多用户计算机系统是计算机网络

4. 网络（　A　）决定了网络的传输速率、网络段的最大长度、传输的可靠性及网卡的复杂性。

    A. 通信协议
      B. 通信介质
      C. 拓扑结构
      D. 信号传输方式

5. 下面哪一个是总线形拓扑结构的特点（　B　）。

    A. 故障定位容易

    B. 任何时刻可以有几个站点发送数据

    C. 布线要求简单，扩充容易，端用户失效、增删不影响全网工作

    D. 该结构便于集中控制

6. 在计算机网络中，有关环形拓扑结构的下列说法，不正确的是（　B　）。

    A. 在环形拓扑结构中，节点的通信通过物理上封闭的链路进行

    B. 在环形拓扑结构中，数据的传输方向是双向的

    C. 在环形拓扑结构中，网络信息的传送路径固定

    D. 在环形拓扑结构中，当某个节点发生故障时，会导致全网瘫痪

7. 计算机网络最突出的优点是（　D　）。

    A. 精度高
      B. 运算速度快
      C. 存储容量大
      D. 共享资源

8. 在（　A　）计算机网络的拓扑结构中，所有数据信号都要通过同一条电缆来传递。

    A. 环形
        B. 总线形
        C. 星形
        D. 树形

9. 在局域网中，（　D　）是必备设备。

    A. 集线器
        B. 路由器
        C. 交换机
        D. 网卡

10. 调制解调器的作用是（　A　）。

    A. 把计算机的数字信号和模拟的音频信号互相转换

    B. 把计算机的数字信号转换为模拟的音频信号

    C. 把模拟的音频信号转换成为计算机的数字信号

    D. 阻止外部病毒进入计算机中

三、上机操作题

1. 观察机房局域网，回答以下问题：

（1）该局域网中使用的传输介质是什么？

　　双绞线。

（2）网络中使用的是集线器还是交换机？

　　交换机。

（3）拆开一台计算机，观察网卡与计算机间是如何连接的？

　　网卡插入计算机的扩展槽中。

（4）画出机房局域网的拓扑结构。

　　略。

2. 在机房上机时，假如正在使用的计算机的软驱已损坏，如何利用已学过的知识使软盘上的内容输出到本机显示器（提示：机房的计算机在一个局域网中）？

　　在对等网中的另一台计算机上，将软盘中的文件复制到文件夹中，并对该文件夹进行共享。

第 **7** 章 Internet 使用

习 题 七

一、简答题

1. 举出 IP 地址、域名、URL、邮件地址的例子各一个，并描述它们的组成。

IP 地址：211.64.142.9 主机地址

域名：www.ouc.edu.cn 主机名

URL：http://www.ouc.edu.cn/index.htm

冒号前是协议；

冒号后的双斜杠是分隔符，表示紧挨着的是一个服务器，以区别于后面表示目录结构的单斜杠分隔符。"//"和"/"之间的部分即是服务器的主机名（或 IP 地址）。

"/"后面是要获取文件在服务器上存放的路径和文件名，缺省的情况下，服务器就会给浏览器返回一个缺省的主页文件。

邮件地址：

E-mail 地址专用符号

luck@ouc.edu.cn

信箱名称　　　　　Internet 上用来收取 E-mail 的服务器

2. 假设发送邮件的地址为：limin@sohu.com，收件人的邮件地址为：xiaoli@sina.com。请简述这封电子邮件发送的整个过程（假如这封电子邮件发送成功）。

发送过程如下：

（1）单击"发送"按钮后，该邮件首先发送到 sohu.com 服务器。

（2）sohu.com 服务器再通过 Internet 将邮件转发到 sina.com 服务器上。

（3）收件人从 sina.com 服务器上收取邮件。

二、选择题

1. 以下 IP 地址中为 C 类地址的是（ B ）。
   A. 123.213.12.23　　B. 213.123.23.12　　C. 23.123.213.23　　D. 132.123.32.12

2. 一个拥有 5 个职员的公司，每个员工拥有一台计算机，现要求用最小的代价将这些计算机联网，实现资源共享，最能满足要求的网络类型是（ B ）。
   A. 主机/终端　　　B. 对等方式　　　C. 客户/服务器方式　　D. Internet

3. Internet 实现了分布在世界各地的各类网络的互联，其通信协议是（ C ）。
   A. 局域网传输协议　　　　　　　　B. 拨号入网传输协议
   C. TCP/IP 协议　　　　　　　　　D. OSI 协议集

4. 电子邮件地址由两部分组成，即用户名@（ B ）。
   A. 文件名　　　B. 域名　　　C. 匿名　　　D. 设备名

5. 关于发送邮件，说法不正确的有（ C ）。
   A. 可以发送文本文件　　　　　　　B. 可以发送非文本文件
   C. 可以发送所有格式文件　　　　　D. 只能发送超文本文件

6. 电子邮件地址中一定包含的内容是（ C ）。
   A. 用户名，用户口令，电子邮箱所在主机域名
   B. 用户名，用户口令
   C. 用户名，电子邮箱所在主机域名
   D. 用户口令，电子邮箱所在主机域名

7. 下面关于网络的说法中不正确的是（ C ）。
   A. 用浏览器访问网页时，地址的写法有两种
   B. IP 地址是唯一的
   C. 域名的长度是固定的
   D. 输入网址时可以输入域名

8. TCP 的主要功能是（ B ）。
   A. 进行数据分组　　　　　　　　B. 保证可靠传输
   C. 确定数据传输路径　　　　　　D. 提高传输速度

9. 主机域名 public.tpt.tj.cn 由 4 个子域组成，其中（ D ）子域代表最高层域。
   A. public　　　B. tpt　　　C. tj　　　D. cn

10. IP 地址是（ D ）。
    A. Internet 中的子网地址　　　　B. Internet 中网络资源的地理位置
    C. 接入 Internet 的局域网编号　　D. 接入 Internet 的主机地址

11. 可实现将 IP 地址转换为域的是（ A ）。
    A. 域名系统 DNS　　　　　　　B. Internet 服务商 ISP
    C. 地址解析协议 ARP　　　　　D. 统一资源定位器 URL

12. 接收电子邮件的服务器使用（ B ）协议。
    A. DNS　　　B. POP3　　　C. SMTP　　　D. UDP

三、填空题

1. IP 地址由<u>网络地址</u>和<u>主机地址</u>两部分组成。
2. 将文件从 FTP 服务器传输到客户机的过程称为<u>下载</u>。
3. 以拨号方式接入 Internet 时，需用 <u>Modem</u> 实现计算机内部数字信号与电话线上模拟信号之间的转换。
4. 从工作模式划分，网络可分为对等方式和<u>客户/服务器方式</u>两种，Internet 属于后者。
5. Internet 提供的主要服务有<u>电子邮件</u>、传输 FTP、远程登录 Telnet、超文本查询、WWW 等。
6. <u>搜索引擎</u>是 Internet 上为解决用户查询问题而出现的一种特殊的网络行为方式，这些网站专门在 Internet 上收集并索引站点的信息，再提供给用户。

第 **8** 章 常用工具软件介绍

习 题 八

一、简答题

1. 除了 WinRAR 之外，你还知道哪几种压缩软件？比较压缩软件"Winzip"和"WinRAR"的异同。

常用压缩软件如 Winzip、WinRAR、WinACE 等。

Winzip 是 WinRAR 的前代产品，压缩率大概为 1/2，而 WinRAR 则可以将文件压缩到源文件的 1/3 大小，压缩率更大，而且 WinRAR 可以解压缩 Winzip 格式的文件，但 Winzip 就不能解压 WinRAR 的文件了。

2. 了解除了 Norton AntiVirus 之外的其他几种常用的防病毒软件。

常用杀毒软件有 KV3000、瑞星、熊猫卫士、VRV2000、金山毒霸、KILL、Norton 等。

3. 什么是防火墙？目前常用的防火墙有哪几类？

防火墙是专门用于保护网络内部安全的系统。其作用是在某个指定网络（Intranet）和网络外部（Internet）之间构建网络通信的监控系统，用于监控所有进、出网络的数据流和来访者，以达到保障网络安全的目的。根据预设的安全策略，防火墙对所有流通的数据流和来访者进行检查，符合安全标准的予以放行，不符合安全标准的一律拒之门外。

防火墙技术从原理上可以分为：包过滤和代理服务器。

包过滤技术是指只对于所有进入网络内部的数据包按指定的过滤规则进行检查，凡是符合指定规则的数据包才允许通行，否则将被丢弃。

代理服务器技术是指当外部主机请求访问 Intranet 内部某一台应用服务器时，请求被送到代理服务器上，并在此接受安全检查后，再由代理服务器与内部网中的应用服务器建立链接，从而实现了外部主机对 Intranet 内部的应用服务器的访问。

4. Windows XP 本身提供了一个"Windows 图片与传真查看器"，试用一下，比较它与 ACDSee 的优缺点。

ACDSee 是个非常优秀的看图软件，它具有浏览图片、自动播放图片、转换图片格式以及修饰图片等功能。Windows 自带的图片查看器主要功能是浏览图片，只具备简单的图片编辑功能。

5. 虚拟光驱软件的主要功能是什么？列举几种常用的虚拟光驱软件。

虚拟光驱是一种模拟光驱工作的工具软件。常用的虚拟光驱软件有东方光驱魔术师、酒精 Alcohol 等。

二、选择题

1. 下列不属于金山词霸所具有的功能的是（　C　）。

　　A. 屏幕取词　　　　　B. 词典查词　　　　　C. 全文翻译　　　　　D. 用户词典

2. 下列不属于媒体播放工具的是（　D　）。

　　A. Winamp　　　　　B. 超级解霸　　　　　C. Real Player　　　　　D. WinRAR

3. ACDSee 不能对图片进行（　C　）操作。

　　A. 浏览和编辑图像　　　　　　　　　　B. 图片格式转换

　　C. 抓取图片　　　　　　　　　　　　　D. 设置墙纸和幻灯片放映

4. SnagIt 捕获的图片不能保存为（　D　）文件。

　　A. bmp 格式　　　　　B. pcx 格式　　　　　C. gif 格式　　　　　D. rsb 格式

5. WinRAR 不可以解压（　D　）格式文件。

　　A. RAR 和 ZIP　　　　B. ARJ 和 CAB　　　　C. ACE 和 GZ　　　　D. RSB 和 ISO

6. 杀毒软件 Norton AntiVirus 中隔离区中的文件与计算机的其他部分相隔离（　A　）。

　　A. 无法进行传播或再次感染用户的计算机

　　B. 可以进行传播或再次感染用户的计算机

　　C. 无法进行传播，但能再次感染用户的计算机

　　D. 可以进行传播，但不能再次感染用户的计算机

7. 以下选项中，迅雷不具有（　D　）功能。

　　A. 断点续传　　　　　B. 多点连接　　　　　C. 镜像功能　　　　　D. 加快网速

三、上机操作题

1. 用 WinRAR 将"我的文档"中的"My Ebooks"文件夹压缩生成一个带密码的自解压文件并存放到 C 盘根目录下。

（1）右击"My Ebooks"文件夹（如没有，则用户自行创建），在弹出的快捷菜单中选择"添加到压缩文件(A)..."命令，弹出"压缩文件名和参数"对话框，在"压缩文件名"文本框中输入"My Ebooks"，"压缩文件格式"选择"ZIP"格式。

（2）切换到"常规"选项卡，单击"浏览"按钮，在弹出的对话框中选择文件夹为"C 盘"，单击"确定"按钮。

（3）切换到"常规"选项卡，单击"创建自释放格式档案文件"按钮，压缩文件的名称变为"My Ebooks.exe"。

（4）切换到"高级"选项卡，单击"设置密码"按钮，在对话框中输入密码，如"hello"，选择"加密文件名"选项，单击"确定"按钮。

（5）压缩完毕，用"我的电脑"或者"资源管理器"能看到在 C 盘根目录下新生成的压缩文件"My Ebooks.exe"。

2. 上网搜索防病毒软件 Norton AntiVirus，使用迅雷下载并安装最新试用版。

（1）使用网上搜索引擎（如百度）搜索或访问赛门铁克公司网站（http://www.symantec.com/zh/cn/index.jsp）找到 Norton AntiVirus 试用版下载地址。

（2）右击下载项，在弹出的快捷菜单中选择"使用网际快车下载"命令。

（3）下载完毕，从 FlashGet 的"已下载"目录中找到下载的安装文件。运行该安装文件，将 Norton AntiVirus 安装到计算机上。

3. 用 Norton AntiVirus 对计算机进行全面的扫描并查杀病毒，设置 Norton 在每周日早上 8:00 自动扫描系统。

（1）单击 Norton Antivirus 窗口左侧的"Scan for Viruses（扫描病毒）"，在右侧窗口中选择"我的电脑"复选框，单击"scan（扫描）"按钮，进行病毒的查杀。

（2）如果检测出病毒时，诺顿会弹出报告对话框，显示病毒定义、所在位置、用户和采取的操作等。

（3）要设置自动扫描系统，启动 Norton Antivirus，单击"计划查杀"图标。

（4）分别设定扫描频率（每周）、扫描时间（星期日 8:00）等参数。

4. 使用硬盘备份工具 Norton Ghost 对系统盘做分区备份，将备份映像文件存放在 D 盘上，写出硬盘备份的主要步骤。

启动 Norton Ghost，选择 Local｜Partition｜To Image 命令，依据向导提示开始完成系统备份。

5. 利用媒体播放器 RealOne Player 上网在线观看 CCTV-5 的体育节目。

（1）访问提供在线观看的网站（如 http://www.51live.com），选择要观看的频道"CCTV-5"。

（2）系统会自动启动 RealOne Player 播放器，缓冲结束后开始播放。

6. 用图像浏览工具 ACDSee 制作屏幕保护。

（1）在 ACDSee 6.0 浏览界面，选择存放图片的文件夹如 C:\photo 文件夹。

（2）选择"工具"｜"配置屏幕保护"命令，启动制作屏保的对话框。单击对话框中的"添加"按钮，选择制作屏保的图片素材。单击"配置"按钮进入设置屏保属性的对话框。

（3）在配置对话框中，更改图片切换方式、切换品质、图片播放次序、屏保中显示的文字、显示方式和显示位置等属性。完成所有设置后单击"确定"按钮回到主界面。选中"设置为默认屏幕保护"复选框，单击"确定"按钮，将其设置成当前系统屏保。

7. 利用 SnagIt7 抓取"我的文档"的右键菜单，保存到 D 盘根目录下，取名为"mydoc.jpg"。

（1）启动 SnagIt7，选择"捕获"｜"其他捕获配置文件"｜"带延时选项的菜单"命令，在右侧窗格中选择"捕获设置"模式为"图像"。

（2）单击右侧窗格的"捕获"按钮，回到桌面，桌面右下角出现一个倒计时小窗口。

（3）右击"我的电脑"图标，弹出快捷菜单，稍等一下，SnagIt 会弹出"捕获预览"窗口，将捕获的右键菜单显示到窗口中。

（4）单击工具栏中的"完成（文件）"按钮，弹出对话框，选定保存目录为"D 盘根目录"，文件名为"mydoc"，保存类型为"jpg"，单击"保存"按钮，即可将捕获的"我的电脑"的右键菜单保存为 D 盘根目录下的 mydoc.jpg 文件。

第 **9** 章 | 计算机的日常维护

习 题 九

一、简答题

1. 计算机染上病毒后一般都有哪些症状？目前常见的网络病毒的主要特征有哪些？

计算机感染病毒后，常出现以下症状：

- 程序装入时间变长。
- 磁盘访问时间增加。
- 程序或数据被莫名其妙地修改或丢失了。
- 可执行文件的长度发生变化。
- 出现神秘的隐藏文件。
- 系统出现异常，重新启动或死机。
- 显示器上出现一些不正常的画面或信息。
- 正常的外部设备无法使用，如键盘输入的字符与屏幕显示的字符不一致。

网络病毒的主要特征是通过网络传播，如电子邮件、上网浏览等方式传播，传播速度更快。

2. 计算机使用过程中，硬盘、软盘、光驱、优盘、鼠标、键盘等应该注意哪些事项？

硬盘的注意事项：

（1）正确地开关主机电源。当硬盘正处于高速读写状态时，千万不要强行关闭主机的电源。因为硬盘在读、写过程中如果突然断电，很容易造成硬盘物理性损伤或丢失数据。

（2）硬盘在高速工作时要注意防振。

（3）防尘防静电。

（4）高质量电源。

（5）少使用低级格式化。

（6）防止温度过高。

（7）尽量不设置休眠。

（8）定期对磁盘扫描。

（9）尽量不要超频使用。

（10）清理垃圾文件和磁盘整理。

软盘注意事项：

（1）不要触摸软盘中的磁片。

（2）不要用任何东西擦洗软盘。

（3）不要挤压、弯曲软盘。

（4）避免阳光照射，远离磁场和热源。

（5）不要在软盘驱动器指示灯亮时取出软盘。

（6）分清软盘写保护状态（透光为写保护状态，只能读不能写出；不透光为可写状态，可读可写）。

光驱的注意事项：

（1）保持盘面清洁。

（2）正确放入光盘。

（3）不要在光驱读盘时强行退盘。

（4）及时取出光盘。

（5）避免物理损伤。

（6）使用质量好的盘片，减轻光驱工作负担。

（7）减少光驱工作时间。

优盘的注意事项：

（1）优盘插入 USB 接口时是可以随意的，但拔出时就要注意了，关键在于拔出时优盘是否还在工作中。

（2）优盘不能一直插在计算机上。

鼠标的使用与维护：

鼠标按结构分为机械式和光电式两种。虽然两者的定位原理有所不同，但其维护的方法与步骤却是基本相同的。

机械式鼠标在使用一段时间后，其灵敏度将会下降，从而导致控制不便。在鼠标的底部有一个圆形的盖，它下面就是滚球。按圆环上箭头的指示转动圆环，打开它，取出小球，可以看见里面滑杆上有很多污垢，用棉花球轻轻用力把污垢粘下来，然后把小球放进去，再把圆环盖上，按箭头方向旋转盖紧。

由于光电式鼠标中的发光二极管、光敏三极管均怕震动和强光的照射，因此，使用时应尽量避免摔碰和强光照射，同时还要避免过分用力拉扯连接电缆。当单击鼠标时，力度要适宜不应用力过度，以防损坏弹性开关，另外，应给鼠标配一个鼠标垫以便灵活操作，减少污垢通过橡胶球进入鼠标的机会，起到减震与保护光电检测器件的作用。

总之，使用光电鼠标时，应注意保持感光板的清洁，确保其处于良好的感光状态，以避免因灰尘、污垢附着在发光二极管与图像传感头上，影响光线发送与接收的强度，而导致鼠标移动困难。另外为防止烧毁鼠标及接口电路，应避免对鼠标进行热拔插操作。

键盘的注意事项：

（1）更换键盘时，应切断计算机的电源。

（2）键盘必须保持清洁。清洗时应选用柔软的湿布，蘸少量的洗衣粉进行擦拭，之后用柔软的湿布擦净。决不能用酒精等具有较强腐蚀性的试剂清洗键盘。目前多数普通键盘都无防溅入装置，因此千万不要将咖啡、啤酒、茶水等液体洒在键盘上。假如液体流入键盘内部的话，轻则会造成按键接触不良，重则会腐蚀电路或者出现短路等故障，还有可能导致整个键盘损坏。

（3）防止尘屑杂物落入键盘，如果不小心落入，要及时清理，避免发生误操作或短路等故障。

（4）在操作键盘时用力要适度，特别要减少在场面激烈的游戏中那种"激情化"击键的力度和频率。

3. 为什么要及时为操作系统打补丁？

无论是软件还是硬件，在使用过程中，生产厂商都会针对其不足作出改善，包括错误的修正、性能的改善等，这就是补丁程序，它可以大大提升计算机硬件和软件的性能。所以要及时安装补丁程序。

4. 怎样预防计算机病毒？

在法制方面，对制造病毒者进行严惩。在管理和技术方面，通过建立严格的规章制度，切断病毒传播的途径。主要包括：

（1）首先安装防火墙，作为过滤病毒的第一道防线。

（2）新购的计算机及软件进行病毒检查，并进行实时监控。

（3）不使用盗版软件。

（4）做到专机专用、专人专用；凡不需写入的软盘写保护。

（5）硬盘中重要的数据要有备份。

（6）打好安全补丁。很多传播广泛的病毒，大都利用了各种操作系统中的漏洞或后门，因此，及时安装系统补丁非常重要。

（7）警惕邮件附件。不要轻易打开接到的邮件附件。只要发觉不是您希望得到的文件或图片，立刻删除它。

（8）关注在线安全。不妨定期访问在线安全站点，比如诺顿、金山、瑞星等，这些网站提供了最新的安全资料，对于防毒很有帮助。

（9）不随意下载网络上的文件。

5. 使用显示器的注意事项有哪些？

（1）要防止显示器内部积灰。最好给显示器罩上防尘罩。

（2）要保持良好的散热。要在显示器的周围留下足够的空间，以便通风散热。

（3）使用屏幕保护程序。以便减慢其老化速度。

（4）显示器工作时电压一定要稳定。

6. 简述高频率 CPU 的保养。

（1）散热：选择好的 CPU 散热风扇（原装品牌如富士康等）。

（2）防震：直来风扇的共振，与风扇的好坏、安装不当有关。

（3）减压：散热风扇扣具压力巨大，若主板太薄，则 CPU 的内核会被压坏，特别是目前风扇越来越大。

（4）报警：选择主板内置了温度监控，当 CPU 超过预设温度，它就会报警或关机。

（5）安居：选择体积稍大、内部空间宽敞的机箱，通风要良好。

（6）除尘：灰尘是计算机部件的天敌，及时除尘。

（7）自诊：要关注计算机的运行过程，如异常声音、频繁死机、异味、黑屏等，应关机，打开机箱检查各个部件。开机时进入 CMOS，可以看到 CPU 的当前温度和风扇的当前转速。

二、选择题

1. 下列叙述中正确的是（ A ）。

    A. 计算机病毒通常不会自己死亡

    B. 使用防病毒软件后，计算机就不会再感染病毒了

    C. 使用防病毒卡后，计算机就不会再感染病毒了

    D. 预种抗病毒疫苗后，计算机就不会再感染病毒了

2. 病毒是（ C ）。

    A. 病菌   B. 霉菌

    C. 一组人为设计的程序   D. 以上都不正确

3. 计算机病毒是指（ D ）。

    A. 编制有错误的程序   B. 设计不完善的程序

    C. 已被损坏的程序   D. 特制的具有自我复制和破坏性的程序

4. 发现计算机磁盘上的病毒后，彻底的清除方法是（ A ）。

    A. 格式化磁盘

    B. 及时用杀毒软件处理

    C. 除磁盘的所有文件

    D. 检查计算机是否感染部分病毒，清除部分已感染的病毒

5. 下列操作正确的是（ D ）。

    A. 开机前插上优盘   B. 软驱灯亮时可以取出软盘

    C. 光盘最好一直放在光驱中   D. 要注意键盘和鼠标的卫生

6. 计算机工作期间，硬盘的盘片处于（ B ）状态。

    A. 静止   B. 转动   C. 不可知   D. 随机

第 *10* 章 图像处理软件 Photoshop

习 题 十

一、简答题

1. 什么是像素？

像素是数字图像的基本单元。同一幅图像像素的大小是固定的，像素越多，图像呈现越丰富、细腻，但图像也会越大。

2. Photoshop 中常见的图像文件格式有哪些？

Photoshop 中常见的图像文件格式有：psd、eps、tiff、jpg、pdf、gif、png。

3. 图层的含义是什么？它对图像处理有哪些作用？

图层起源于传统绘画、绘图时使用的透明纸，通常在图像处理时会将图像的不同部分放于不同的图层上，对某一图层的操作不会影响其他图层中的内容，而且由于图层的透明性，在多个图层叠加在一起时，位于下面图层中的图像会透过上层没有图像的部分显现出来。图层的独特设计理念带来的是图层化的图像制作方式，图像制作者将图像进行分图层的设计、制作，经过图层重叠后将会呈现出不一样的效果，同时，针对于图层的后续图像修改也会大大提高图像的处理效率。

二、选择题

1. Photoshop 是（ B ）软件。

   A. 图形处理　　　　B. 像素处理　　　　C. 图像处理　　　　　　D. 软件处理

2. Photoshop 生成的文件默认的文件格式是以（ D ）为扩展名 。

   A. bmp　　　　　　B. dpg　　　　　　C. eps　　　　　　　　D. psd

3. 使用绘图工具绘制一条直线的步骤是（ A ）。

   A. 在拖拉鼠标的同时按住【Shift】键　　　B. 在拖拉鼠标的同时按住【Alt】键

   C. 在拖拉鼠标的同时按住【Ctrl】键　　　　D. 在拖拉鼠标的同时按住【Tab】键

4. 单击图层调板上图层左边的眼睛图标，结果是（ D ）。

   A. 该图层被锁定　　　　　　　　　　　　B. 该图层被链接

   C. 该图层被删除　　　　　　　　　　　　D. 该图层被隐藏

5. 以下用于选择图像中具有一致颜色范围区域的选区工具为（　C　）。

　　A. 选框工具　　　　B. 套索工具　　　　C. 魔棒工具　　　　D. 钢笔工具

三、填空题

1. 图像分辨率的单位是像素/英寸或 ppi（Pixels-per-Inch）。

2. 滤镜是 Photoshop 实现图像特效的重要工具，包括扭曲、模糊、渲染等。

3. 填充工具包括渐变工具和油漆桶工具。

4. 标尺是图片处理过程中的重要辅助工具，出现在图像文件的左侧、上侧边界。

5. 通道是存储不同类型信息的灰度图像，它的功能在于保存颜色及选区信息。

四、上机操作题

（略）